一生时光如许有限，请不要荒凉了自己

高紫桐——著

Life is too short,
do not idle
your time away

台海出版社

图书在版编目（CIP）数据

一生时光如许有限，请不要荒凉了自己 / 高紫桐著
. —北京：台海出版社，2019.7
ISBN 978-7-5168-2388-0

Ⅰ.①一… Ⅱ.①高… Ⅲ.①女性－成功心理－通俗
读物 Ⅳ.① B848.4-49

中国版本图书馆 CIP 数据核字（2019）第 133570 号

一生时光如许有限，请不要荒凉了自己

著 者：高紫桐	
责任编辑：王 萍	装帧设计：末末美书
版式设计：新视点	责任印制：蔡 旭

出版发行：台海出版社
地 址：北京市东城区景山东街20号 邮政编码：100009
电 话：010-64041652（发行，邮购）
传 真：010-84045799（总编室）
网 址：www.taimeng.org.cn/thcbs/default.htm
E-mail：thcbs@126.com

经 销：全国各地新华书店
印 刷：天津旭非印刷有限公司
本书如有破损、缺页、装订错误，请与本社联系调换

开 本：880 mm × 1230 mm 1/32	
字 数：170 千字	印 张：8
版 次：2019 年 8 月 第 1 版	印 次：2019 年 8 月 第 1 次印刷
书 号：ISBN 978-7-5168-2388-0	

定 价：42.80 元

前　言

PREFACE

时尚女王黛安·冯芙丝汀宝曾自信宣称："每一条皱纹都是我挣来的，为什么抹掉？"这句话令当时坐在对面的杨澜顿生惺惺相惜之情："我觉得很棒，一个女人不仅她的身体是自由的，追求事业是自由的，就连对于时间也能抱有非常自由的心态。"

是的，一生的时光如许有限，所以才更要经营好自己。哪怕生活暂时不尽如人意，也要迎难而上，在生活的尘埃里开成一朵骄傲绚丽的花朵，惊艳时光，告慰岁月。

一生的时光如许有限，让我们相逢在最高处。作为女人，与其羡慕她的貌美如花，妒忌她的平步青云，不如努力充盈自我的灵魂。作为女人，与其顾影自怜，孤芳自赏，不如花一点心思将日子过得热气腾腾。不迷茫，不依附，有自尊，才是最好的自己。

有的女孩因为惧怕孤独，要么邀朋聚友，用人气填补内心的空虚，要么烦闷抓狂，四处寻人倾吐心中的苦水。这正印证了俞敏洪老师曾说过的话："一个人在年轻的时候，内心世界还不那么丰富，自信需要靠外界支撑，他会害怕孤独。如果没有朋友或人群接受他，他的内心会特别难受。"

其实，那些"剽悍"的事，都是一个人的时候做出来的。一个人阅读，从薄薄书页中品出人生的醇厚；一个人旅行，用脚步丈量生命的长度；一个人埋头向前，终能迎来乘风破浪的一天。只有安静下来，才能听到来自灵魂深处的声音。

一味靠别人的光亮温暖自己，你始终无法得到成长。倒不如将"根须"深扎地底，利用这静默的时光去积蓄力量，汲取营养。不用多久，你便能长成一棵美丽的花树。

不曾试着与孤独和平相处，便无法淋漓尽致地释放骨子里的顽强与坚韧。孤独其实是成长的过程，是优秀者自我深造的途径，是强大自我路上的"必修课"。

而自立，是女人历经岁月浸炼、雕琢而闪闪发光的另一"法宝"。不卑不亢，不骄不躁，是她们最美的模样。她们知道，纵使父母的关爱如山如海，他们也有老去的一天；坐吃山空，再多的钱财也有被败光的一天；依附伴侣，再坚贞的感情也有折旧的时候。

唯有自强自立，才能成为自己的女王。那些拥有自己的工作，始终保持经济独立，遇事冷静自持的女人，才能赢得他人的尊重。嫁给了扎克伯格的普莉希拉，每每出现在世人面前，都是一副淡然自信的模样。

两人相濡以沫，彼此间的默契已达顶点。纵使丈夫事业如日中天，普莉希拉婚后也没有放弃儿童医师的工作。而Facebook之所以能够推出器官捐献状态分享功能，全有赖于她的灵感。而扎克伯格的钟情不移，更印证了这个女人的温暖与强大。正如戏剧家易卜生所言："在这个世界上最坚强的人是孤独的、只靠自己站着的人。"她不屑做"攀缘的凌霄花"，反而自强自立，与伴侣并肩同行，共同成长。

　　所以啊，在人生这场孤独的修行中，谋生亦谋爱的女人才能成为赢家。一开始，每个女孩都想找个爷们儿保护自己，最后却任由岁月将自己改造成了一个爷们儿。如果你将最好的时光用来投资一个男人，那么之后的几十年里，你只能不断哀求这个男人不要离开你。

　　女人的安全感只能自己给予自己。常常听到一些女孩说："嫁人一定得嫁有车有房有貌有财的，否则我凭什么和他在一起？"可是，你要求人家给你公主般的待遇，你又是否拥有同等的价值去"交换"？无数实例证明，不等价的爱注定有崩溃的一天。

　　面对爱情，太过倨傲，迎接你的可能只是一盆冷水；太过卑微，卑微到连自我也无法保持，这样的爱情也不值得。值得你爱的，是一个尊重你、包容你的好男人，而不是那虚无缥缈的浪漫感觉；值得你倾尽全力的，是自我的丰富与蜕变，而不是一份委曲求全的爱情。

　　爱情如此，友情亦是。正因光阴似箭，岁月如梭，我们才更要与优秀的人为伍，与智者同行。朋友圈里若多是勤奋、积极的人，我们便不会懒惰消沉；围绕在我们身边的若多是乐观、自爱的人，我们也会变得自省自律、坚强豪迈起来。朋友二字，正珍贵于此。

选对了"圈子"，就好比找到了成长的捷径。巴菲特就曾鼓励网友们去提升沟通技巧，尝试着融入更优秀的人的队伍之中，不要害怕失败。某高管也坦言道："和聪明有趣、野心强烈、抱负明确的人相处是一种愉悦的体验。"

无论再忙，再身不由己，都别忘了生活的美好。让梦想始终放飞于路途中，将时间"浪费"在那些平凡中的小确幸上，所有的一切都刚刚好。趁时光正好，去做想做的事情；世界再浮躁，既然选择坚持守望，迟早会迎来梦寐以求的未来。

本书会告诉你，买买买，反而会破坏生活的质感，断舍离，才能拯救你膨胀的心灵；身怀"野心"又坚毅乐观的女人才能拥有高配版的人生；爱情不该占据你灵魂的全部，唯有独立自强，才能定义自我人生……

愿所有追求完美的女孩都能从容面对生命中突如其来的意外、坎坷与伤害，矢志不移地奔往幸福的彼岸。愿你我都不曾荒凉时光，都能在未来遇见最美的自己。

目 录

第三章 /
趁时光正好，去做你想做的事情

第四章 /
人生无法重来，谋生亦谋爱才是女神

第五章
不将就不盲从，你值得拥有高配版的人生

第六章
"断舍离"，让生活散发出质感

第一章
享受孤独，练习与自己相处的能力

独处的能力，恰恰能够丰盈自己

村上春树说："只需一个人做的事情，我可以想出许多来。"在人生的旅途中，哪怕是一个人的生活，也能变得既精彩又温暖。那些与孤独和平共处的女子，如夏花般绚烂鲜活，又如秋叶般静谧美好。那些独处的日子，恰恰澄澈了目光，丰盈了灵魂。

宁馨毕业后，花了好长时间才寻得一个满意的一居室。她立马从六人宿舍中搬出，火速地住了进去。从那以后，她过上了梦寐以求的独居生活。

上班之余，她喜欢一个人逛街，一个人吃喝玩乐，一个人去陌生的城市旅行……更喜欢的是下班路上戴上耳机，坐在公交车靠窗的位置，一边凝视着窗外的风景，一边感受着阳光斑驳，不时跳跃在脸上。除此之外，她还享受一个人看书、学习的时光。

毕业三年来，宁馨在一个个孤独的夜晚啃下了一本本专著，拿到了一堆闪闪发光的证书。在昔日同学眼里，她变得愈发自信、独立，充满魅力。

心理学家说，独立是一种能力，而我们身边大多数人其实并不具备这种能力。英国著名精神分析大师温尼科特说："独处的能力，是一个人情感成熟的最重要标志之一。"

那些能与自己和谐共处的人，能够始终保持精神上的高度自律，并给予情感上的"自给自足"。同时，他们也很乐于与外界保持联系，对来自他人的善意、爱意报以诚挚的感激。

享受独处的人，并不害怕孤独。当然，他们也不会去主动寻求孤独。这样的人既能与身边的人保持着恰到好处的人际距离，同时又能拥有自我独立的精神世界。

忍耐不了孤独的人，必然经受不住诱惑。将独处的时光视为人生中难得体验的人能看得清寂寞，守得住繁华。正如每一颗树苗都曾将根须悄悄扎入地底，冲着苍天静默成长；每一条河流都曾独自经历寂寞的旅程，直至欢鸣着将自己变成大海。

独处，是为了聆听内心的声音。外界的繁华、喧闹让你变得越来越看不清自己。隐藏在物欲横流中的"自我"变得越发模糊，面目复杂。

烦心的时候，不妨放下心结，一个人散步、旅行，或者在阳光正好的时候听歌、品茗。当内心沸腾的欲望静下来时，问问自己：你是怎样的人？你究竟在追求一种怎样的生活？你想走进哪种未来？趁着时光静谧，耐心厘清思绪，前路也会慢慢变得清晰起来。

独处，是为了不负时光。仔细回想一下，你有多久不曾总结自己的生活？有多久不曾回望已走过的路途？我们的生活被各种物质、情感所填满，终日忙忙碌碌，奔走不停。这样的日子看似繁华、热闹，骨子里却肤浅空虚，毫无意义。

学会独处，你才能及时观察、总结、反思，走出新的路途。记住，时光容易把人抛弃，不要简单重复着昨日的自己，而要及时回过头来，观测来路，希冀前路。

生活里，想要将自己变成一个有趣的人，首先得将独处的时光发挥至最大的作用。有人说，拥有"不掺功利之心的闲情雅致"是成为有趣的人的前提。深厚的知识体系，别具一格的审美能力，和冷门的爱好大多是在独处的时光中修炼得成。

你若一味沉溺于集体的热闹，只顾追求世俗的梦想，便会失去个人鲜明的特色与爱好，错失生活中随手可得的乐趣。所以说，独立，是为了塑造有趣的自己。

爱情里也一样，先得学会独处、自立，才能拥有完美、精彩的相爱体验。现实告诉我们：人的一生都活在各种关系里，只有先和真实的自己和平相处，才有能力去处理好与伴侣之间的关系。

而那些爱情美满、婚姻幸福的人，向来懂得经营自身。他们能将一个人的生活过得温暖美好，活色生香，也能将两个人的世界打理得井井有条，默契而和谐。

雨嘉与初恋陈枫迈入婚姻殿堂后，曾享受过一段如胶似漆的甜蜜时光。不久后，两人却几乎闹到了离婚的地步。原因出在雨嘉身上。在陈枫看来，雨嘉实在是太粘人了，几乎剥夺了他所有的私人空间，让他时常感觉到窒息。

最让陈枫反感的是，雨嘉经常给正在上班的陈枫打电话查岗，这严重地影响了他的工作。国庆放假前，他们大吵一架后，雨嘉提起简单的行李去了西藏。这一趟旅行彻底改变了雨嘉。犹记得大学时期的雨嘉，对西藏向往不已。然而结婚几年后，她的一颗心都悬挂在陈枫身上，渐渐忘掉了自己的规划与梦想。

回来后，雨嘉与陈枫推心置腹地交谈了一次，她意识到了自己的错误。从那时起，她像变了一个人似的，不再像怨妇一般跟在陈枫身后念叨个不停，反而享受起独处的时光。

雨嘉读书、旅行，学习烘焙，又开了一家甜品坊，将日子过得精彩又热闹。她与陈枫的感情也回到了当初的模样。

享受独处时光的人，更能认清生活的意义。学会排空欲望，释放"真我"，你的精神世界会变得越发充盈、丰富。而心有定力，才能抵抗世俗浮华，迈入心心念念的彼岸。独处时的安然镇定，无异于此生最美好的体验，最曼妙的风景。

哪怕是一个人，也讲究一些仪式感

对于《小王子》里的主人公之一的狐狸来说，相识需要一种仪式感。它向小王子解释道："仪式，就是使某一天与其他日子不同，使某一时刻与其他时刻不同。"

仪式感对于普通人而言，尤为重要。有了它的点缀，再平凡的日子也能变得隆重而有意义起来，再无聊的时光也能变得浪漫精彩、闪闪发亮起来。

孤独前行的人，更需要仪式感来为自己抵御世间严寒，来为自己增添生命的芳香。而对那份仪式感不屑一顾的人，只会在未来遇见越发糟糕的自己。

自从与男友分手后，凌曼活得越来越随意、邋遢。以往上班之前，凌曼还想着打扮一下，如今却只简单地梳梳刘海，抓起外套就出门。为了赶地铁，她总是一边小跑，一边啃着油腻的早点，衣服上一不小心就会沾上星星点点的油渍。

下班回到家后，凌曼"甩飞"单鞋，将背包扔向角落，拨开床上凌乱的衣服，在空隙里舒服地躺下来，刷起手机。这一躺就是三个小时，直到晚餐外卖送来，她才起身吃饭。到了周末、假期，凌曼总是躺在被窝里玩游戏、看小说，恨不得躺到天荒地老。

一次，大学好友在凌曼生日的那一天手持鲜花不请自来，准备给她一个惊喜。见到凌曼蓬头垢面、睡眼惺忪的样子，不由大吃一惊。

《绝望主妇》中的一句台词令人记忆尤深："无论身心多么疲惫，我们都必须保持浪漫的感觉，哪怕是形式主义也比懒得走过场要好得多。"

一个人的日子，更要将它过得活色生香，丰盛热闹。而失去了仪式感，你却会活得越来越随波逐流，邋遢粗糙，将内心的柔软通通埋葬在粗粝的现实生活中。

重视生活的人，会想方设法地将单调普通的事情变得高级精致起来。记住，你给予生命仪式感，生命才会回报你珍贵的温暖和特殊的美感。

古时候的文人墨客有九雅：寻幽、酌酒、抚琴、莳花、焚香、品茗、听雨、赏雪、候月。这是浪漫到极致的生活方式，令人向往。

在纸醉金迷、物欲横流的时代，纵然吹箫抚琴、吟诗作画已成了遥远陌生的事情，我们亦可登高远游、对酒当歌，小心翼翼地摘下时光的叶子，珍重地夹入生命的书页中。

若你正孤独一人，唯有美酒佳肴不可辜负。洗尽铅华，素面朝天，纤手破新橙、煮羹汤。哪怕是最普通的食材，以耐心与细心为"佐料"，亦可烹饪出一个趣意盎然的人生。

素雅的桌布，精致的餐盘，当你听见调羹与汤碗之间清脆的声响，便知那是自我灵魂的碰撞。讲究仪式感，先让最平凡的一日三餐变成一种艺术。

若你正孤独一人，你需要为自己营造一个清爽自在的家。纵然是租来的房子，也可安放一段静谧的时光。在属于自己的小小空间里，每件物品都有回忆，你将与自我坦诚相见。

而日常之美，正存于细微之处。让精心淘来的小物件各安其所，让瓜果、鲜花点缀生活。哪怕屋外四时变幻，天地动荡，这方寸之间的温暖与安宁却能永存。

若你正孤独一人，你更要将自己收拾得干净利索。记住，最高级的美，不在于五官的分布，不在于年龄的变动，而在于你是否用心。

热爱生活，更要热爱自己。坚持运动，让身材变得曼妙颀长，让精神始终充溢着活力。不被流行束缚，寻找最适合自己的发型、唇色，修炼衣品，美其实是做回自己。

若你正孤独一人，不妨赋予每一段行走以特殊的意义。有多久，你不曾注意上下班路上的风景？有多久，你不曾停下脚步，细细观看天上的云？

　　有时候，我们需要停下匆忙的脚步，暂时抛开脑海里的计较，在钢筋水泥的城市里欣赏一株草，一棵树，一片云。对一闪而过的窗外风景报以深切的目光，对迎面走来的人报以善意的微笑，让灵魂重归温润、灵敏。

　　在王倩眼里，邻居沈阿姨似乎是一个谜。她身世悲惨，寡居多年，却总是笑意盈盈，眼里似乎聚着一泓秋水。小时候，让王倩印象最深的，是沈阿姨家阳台上的一丛绿意和缤纷的鲜花。沈阿姨住的房子虽小，却收拾得清清爽爽，充满诗意。

　　沈阿姨有一手好厨艺，端午节的粽子，中秋节的月饼，平日里的各式糕点，全都不在话下。而楼里的邻居，大多尝过沈阿姨的手艺，对此也赞不绝口。

　　去大城市工作的那些年里，王倩除了想念母亲做的家常菜外，最想的居然是沈阿姨做的糕点。每当她与好友谈起沈阿姨，总是感慨良多。好友总结道："像沈阿姨这样的人，虽不识字，相比我们，她却活得精致、潇洒得多。"

　　是啊，相对于越过越粗糙的你我来说，目不识丁、年过半百却对平日里的一点一滴从不抱敷衍态度的沈阿姨，才是真正重视生活的人。

每一个充满仪式感的日子，都让人沉醉与着迷。当你老了，回想起年轻时虽独身一人却始终淡然自信的自己，想起盛装出席的某个聚会，想起夏日黄昏的一场小雨，想起精心烹饪的某顿晚餐，心里也会噼里啪啦地绽开鲜花吧……

世界愈喧闹，我内心愈安静

周国平说："我发现，世界越来越喧闹，而我的日子越来越安静了，我喜欢过安静的日子。"孤独，是一种难得的体验。而安静，是一种令人难以抵抗的力量。

大千世界，紫陌红尘。世界越繁华、喧闹，我们的内心越是需要一个可以停顿的空间。静下来，是为了让沸腾的思绪渐渐冷却，是为了让久违的和谐与从容回到身边。

街道上喧哗热闹，工厂里机器轰鸣，一个工程师正忙碌地翻看着图纸，一不小心将新买的手表落入堆满木屑的墙角。他便立马停下工作，焦急地寻找起来。

车间里光线较为昏暗，工程师一边大声抱怨着自己的大意，一边打着手电筒，手忙脚乱地在一堆木屑中摸索。其他人闻讯而来，原本想帮他寻找手表，他却拒绝了大家的好意。原来他怕大家走来走去，踩坏了手表。

半小时过去了，工程师只顾在地上摸索，却一无所获。机器轰鸣如雷，大家叽叽喳喳讨论得越来越大声，工程师只觉得内心浮躁，一股怒气没来由地冲上头脑。

此时，工厂里的一个小学徒却蹲在一旁，眯着眼，耐心地聆听着什么。良久，他冷静地对工程师说道："手表在那里。"顺着学徒所指的方向，工程师果然找到了手表。

他又惊又喜地问道："你怎么会知道？"学徒却微笑道："您只要安静下来，慢慢地就可以听见手表'滴答''滴答'的声音了。"

从长大成人的那一刻起，忙碌似乎成了生活的目的。我们寻找着幸福，寻找着友谊，寻找着爱情，寻找着安全感。当来自外界的喧哗盖过了内心的声音，你却忘了最初的梦想。

工程师越是烦躁不堪，越容易失去心爱之物。那个小学徒却仿佛明白了生活的真理：任何时候都要保持内心的安静，它可以抵御世间的一切嘈杂、喧闹与浮华。

作家皮克·耶尔在《安静的力量》一书里写道："即使我们全速前进，也永远没有能力追赶上我们想要追求的东西。我们渴望有一处静谧的场所，一个能够让心不那么浮躁的地方。我们所有的困扰，也都是因为我们无法安静下来与自己独处所造成的。"

如果你暂时迷失了生活的方向，不如抛开纷杂的思绪，寻得一处安静之所，毫无保留地拥抱孤独。也许只有静下来，你才有可能寻得答案。

如果你努力钻营，依旧无法获得想要的未来，不妨尝试着退回内心那片宁静的"圣地"，就此安营扎寨，甘于寂寞。也许只有静下来，你才能逃脱"牛角尖"的束缚。

在复杂的世界里，做一个简单的人，就此从容淡定地享受人生；从喧闹的欲望中寻得内心的平静，方可尽情攫取生活本真的含义。

若想保持内心的安静，先砍去"虚荣"的荆棘，播下一颗娴静淡泊的种子。锦衣华服，佳肴珍馐，昂贵的香水，精致的高跟鞋以及异性前仆后继的爱慕与追求代表不了你的青春。你最美丽的时光绽放在你心里，在孤独时那一刹那的洞彻与灵光。

若任由外界的灯红酒绿催生内心的一片荆棘，任由虚荣与攀比之心高涨，你的面目会随着灵魂渐渐变得扭曲起来。看淡世事浮华，无畏四季变迁，在灵魂深处播种一颗娴静淡泊的种子，安享无数孤独的岁月，你会收获一个智慧、美丽的自己。

若想保持内心的安静，先看淡荣辱得失，学会放下。王阳明曾说"心外无物"，无论是荣誉还是羞辱，顺境抑或逆境，都是丰富阅历、滋养人生的养料。

你过分在意，它们会横亘在你人生的道路上，令你寸步难进；只有学会放下，你才会发现原来一切都是过眼云烟，只有每日清晨的露水和黄昏时分的绚烂景色值得关注与珍惜。

在男权主义者们大声叫嚣的年代里，英国的弗吉尼亚·伍尔芙始终待在"一个人的房间"，以分外冷静的笔触抒写着人世的荒诞与黑暗。一颗难以受到外界喧闹、浮华侵蚀的强大心灵，一个始终安静的灵魂，造就了一位伟大的作家。

在众声喧哗、战火纷飞的乱世里，时代洪流奔涌而至，历史巨轮滚滚向前。女作家萧红独自一人站在原地，只静静地聆听着来自灵魂深处的告白："你知道我别无所求，我只想找个安静的地方写写东西。"她明白，哪怕世界熙攘喧嚣，一心向静，便无所畏惧。

今天的世界，嘈杂的声音层出不穷，物质前所未有的丰盛，它们造就了无数忙碌、盲目而又茫然的男孩与女孩。殊不知，一群人的狂欢能带给你的，远远不如一个人的孤单。

世界越喧闹，越要静下心来生活。别让自己变成不停旋转的陀螺，我们要边走边停，用心感受一个人的时光。世界越喧闹，越要静下心来积累。重视物质财富的同时也别忽略了精神财富。让我们沿着蜿蜒的人生之路，一路收集最美的风景，充盈自我的灵魂。

要有把日子过得热气腾腾的能力

有实力的女人无论身处何处，都能将日子过得朝气蓬勃，热气腾腾。她们从不畏惧年龄的增长。时光对于她们而言，不是残酷的"杀猪刀"，而是一把特殊的"雕刻刀"。她们享受着岁月划过生命的旅程，时光削去了她们曾经的脆弱与幼稚，留下的却是灵魂中无比坚韧、峥嵘尽显的部分。

她们不畏惧年华的流逝，将眉梢眼角染上的风霜变换成别样的柔情。她们从不以年龄来为今后的人生设限，只尽力让自己举手投足间都带上从容与安定。

有很多女性朋友表示，她们曾在人生脆弱时刻被同一部电影治愈，那就是《海鸥食堂》。电影的主人公幸江是一位最普通不过的中年女子，她却将平淡无奇的日子过成了乌托邦式的幻梦，过成了美丽温馨的乐曲，过成了一首诗。

夏日的某一天，在芬兰首都的一个普通街头，一家名为"海鸥餐厅"的小餐馆开张了。中年女子幸江是唯一的店主兼厨师。不少行人站在路旁左顾右盼，最终带着满腹的心事从海鸥餐厅旁走过。虽然始终没有人愿意坐下来尝尝幸江的手艺，她却毫不介意。

幸江每天起得很早，开开心心地去市场选购新鲜食材。回来后，她会穿上围裙，将店里打扫得一尘不染。一切准备就绪后，幸江一边等待着客人的光临，一边煮起了咖啡，做起了肉桂卷，捏起了饭团。无论何时，她唇边始终洋溢着一抹微笑。

慢慢地，越来越多的人走进了这家小餐馆。有被肉桂卷香味吸引的芬兰老太太，有热爱日本文化的芬兰小哥，还有一群孤独的中年女人……于是小餐馆里不断飘出欢声笑语。

这部电影不由令人想起另一部经典日剧《小森林》。女孩市子因无法适应都市充满压力的生活，回到乡下的老宅。虽独身一人，市子却将生活打理得生机盎然。

她无比想念童年时母亲烹饪美食的美妙滋味，便决定追寻母亲的步伐，进入山川田野里寻找各种新鲜食材。市子将对故乡、对生命的热爱渗透入亲手制作的香喷喷的面包中、热腾腾的烤栗子中、滋味鲜美的果酱中，享受着无忧无虑的人生……

愿我们都拥有将平凡生活过得热气腾腾的能力。愿我们无论身处何时何地，都能保持着心灵的平静，尽情地享受美食，热爱生活，热爱所有美的东西。

能将平凡的日子过得铿锵有力、热气腾腾的姑娘，总是能自如地穿行在饭菜的香气间，就着锅碗瓢盆的叮咚声响"舞蹈"。这画面，温暖而浪漫。

有这样一位女孩，她曾在社交网络上发起一份"365天花样早餐"的计划。她每天坚持7点起床，洗漱后直奔厨房做早餐。不一会儿，面包机传来叮铃一声响，煎锅里滋啦滋啦冒起香气，煮沸的牛奶咕隆咕隆被倒入透明的玻璃瓶……

女孩的花样早餐计划打动了无数网友。当厨房里的乒乒乓乓，餐桌上的杯碟碰撞组成美妙的交响曲时，一切都变得有意思起来。善待生活，就是精心侍弄闲暇时光里的每一食每一餐。

在网络上引起热议的《会做饭的孩子走在哪里都能活下去》这本书背后有这样一个故事：千惠结婚前被查出罹患癌症。她的未婚夫信吾不离不弃，毅然选择与千惠结婚。初步手术后，千惠得知了一个令她悲喜交加的消息——她怀孕了。

后来，千惠生下了女儿阿花。当癌细胞接连扩散时，她决定要提早教会女儿"一个人也能好好活下去的能力"。于是她开始教四岁的女儿洗菜做饭。第一次看到女儿用胖乎乎的小手握住刀费力切菜的样子，千惠心里弥漫起了恐惧，但她还是忍住伸手帮忙的冲动。

千惠去世后，信吾在伤心之中无法自拔。五岁的阿花偷偷藏起父亲的酒瓶，又将父亲的香烟扔进垃圾桶，还给晚归的父亲做起了晚饭。

第一次吃到阿花做的饭时，父亲感动得直流眼泪，连连夸奖说好吃。阿花便一连三天晚上都给父亲做了晚饭。她以自己的方式照顾着父亲，脸上一直挂着天真而又甜蜜的笑容。

能将厨房里的琐碎时光编织成一首歌的女孩，内心充满了对生活的爱意。那些可口的饭菜、美妙的香气最终会变成脑海里热气腾腾的回忆。

做一个可以"生产"快乐的女子

越长大，越明白，生活赋予女人的是过分沉重的责任、负担和约束。很多女性朋友不知该如何释放内心的孤独与敏感以及灵魂深处的痛楚，于是习惯了将一颗心囚禁在潮湿、黑暗、看不见未来的囚笼中，整日絮絮叨叨地抱怨，直至从灵动的少女变成了"祥林嫂"。

当你将忧郁、烦恼、苦闷都写在脸上的时候，再美丽的脸庞，再和谐的五官也会变得扭曲、丑陋起来。当你将所有的压力与负担紧紧扛在肩上死活不愿意松手的时候，原本秀气挺直的脊梁便佝偻下去，原本窈窕绰约的身材便渐渐走形。选择郁郁寡欢地生活，余生便只能布满阴霾。

与其那样，不如将自己修炼成一个"生产"快乐的女子，开心了，就晒出笑容，让身边的人都看到；难过了，打起精神，扬起嘴角，放下心防，让脚步变得轻盈起来，一步步走过生命的尘埃。

台湾知名女作家张曼娟总以"快乐的单身女子"自居。她说，快乐从不是一蹴而就的事情，它其实是一种良好的思维习惯，在不断地思考、观察中养成。

对于自己单身这件事，她微笑道："不是嫁不出去，而是不嫁出去。"俏皮的话语彰显了她抵抗流言蜚语的办法：快乐，发自内心的快乐。她用文字让快乐的瞬间变成永恒，用文字指引着女孩们走出迷茫的心境，追寻丰裕、愉悦的精神世界。

孤独，不是你沉默忧郁、颓丧悲观的理由。只因人生注定是一场孤独的旅行。哪怕你身边围满朋友，也无法躲避突如其来的空虚；哪怕你身处闹市，也逃不过黯然失意的境遇。

与其向孤独缴械投降，不如奋起反抗，做一个"生产"快乐的女子，慰藉自我身心的同时，亦可成为别人生命里最温暖靓丽的一道风景。

采薇和以柔都是奋斗在"格子间"里的大龄单身女，两人的性格却天差地别。采薇生性悲观，一方面她对爱情和婚姻都抱有消极的看法，一方面她又患得患失，无法集中精力工作。同事们很少与她接触，有她在的地方，气压总会不自觉地低上几度。

而以柔却是一个天性乐观的姑娘，论起外形条件，她比采薇差了一大截，但周围的同事大都喜欢与她交往。她笑容爽朗，一向善于自嘲，寥寥几句话便能将大家逗得前仰后合。有她在办公室里的日子，总是充满笑声。

29岁那年，采薇和以柔走向了不同的人生方向。采薇因工作频频受限，越发心急气躁起来。一次单位体检后，年纪轻轻的她居然被查出了甲状腺瘤。之后，她不得不辞职治病。

以柔一向自诩为"快乐的单身汉"，不骄不躁的她在工作中创下了突出的业绩，视野一下被打开，人生也顺利起来。

当你用充满阳光的心态去面对生活，生活自会回馈给你同样的精彩。当你化身为"快乐生产器"，将快乐分享给身边的伙伴，你就会得到双倍的快乐。

想成为快乐的女子，你需要反复练习与自己和平相处的能力。既然孤独无法躲避，不妨坦然应对。咀嚼那安静的时光，体会平静的真实，捕捉生活中的快乐与美。

你更要学会为自己而活。知心的爱人，亲密的朋友，不一定会是陪伴自己最久的人。你将满心的欢喜与忧伤寄托在他人身上，只会为他们带来负担，却根本得不到真正的安宁和快乐。

只有学会为自己而活，让自己的生活充满芳香，让自己的人生洋溢着欢声笑语，再将这份快乐传递给身边的人，你才会洞彻快乐的真谛。

想成为快乐的女子，就得始终保持着一颗童心和知足常乐的心境。犹记得童年时候的我们，一个小玩具便足以慰藉孤单的心，一个肥皂泡泡就足以让我们转悲为喜。

　　成人的世界里有太多的患得患失，斤斤计较，解决的方法是始终保持心灵的纯净，始终让自己的脸上挂满灿烂的笑容。这样的你，即使年华不在，也能享受到最纯粹的快乐。

　　想成为快乐的女子，就得分清现实与理想的距离，一面要将生活中的"小确幸"珍而重之，一面要向着火热的理想不停迈进。扪心自问，你不快乐，是否是因为理想中的生活与现实相差太远？而这份距离遥远到可能穷尽你的一生也无法缩短。

　　与其纠结痛苦，不如放下焦虑，认清这份差距。有时候，承认自己的不足，反而能坚定奋斗的决心。与其将自己束缚在阴暗悲观的小世界里，不如停止自怨自艾，勇敢走出来。只有真诚地拥抱狂风暴雨的捶打与袭击，才能享受风雨之后的轻松与快乐。

　　不是所有的女孩都能拥有不俗的相貌，但经过后天的历练，有些女孩却能拥有强大的灵魂。做一个"生产"快乐的女子，耐心品尝孤独的痛楚，直至品出安宁的愉悦；对于过往的伤痛，从不过多纠结；对于中伤自己的人，反而以礼相待……

　　你要做这样的女子：挖掘、生产、储存快乐，再将这份快乐传递出去，使其在无数迷茫、痛苦的心灵中生根发芽，直至长出参天大树，为人们遮蔽生命中一场又一场孤独的阴雨。

学会与自己的内心对话

你有试过静下来，和自己进行一场对话吗？

人生在世，孤独总是如影随形。当困惑、焦虑、烦恼的情绪像煮沸的牛奶，满溢一地，将生活搅得一片狼藉的时候，身边真正能懂你的人却不多。

就算是亲人、爱人、朋友，对于你的痛苦也做不到感同身受。所以说，这一切难题都只能靠自己去化解。当内心的痛苦煎熬着灵魂，怎么也无法化解的时候，不妨寻一处僻静之地，安安稳稳地坐下来，与自己来一场深度对话，与自我灵魂相拥相依。

著名心灵成长导师奥南朵出身于英国一个中产阶级家庭，她自小容貌美丽，性格外向。谁知后来家道中落，她的父亲承受不住破产的打击，选择彻底离开妻子和女儿。奥南朵脸上的微笑消失了，她和以往的朋友断绝了往来，和母亲一起搬进了简陋的出租屋。事后，奥南朵回忆说："那段时间，我经历了好几年的黑暗时期，为了驱散羞愧和自卑的阴影，我花了很长时间。"

也许是童年时的经历，奥南朵内心深处始终觉得焦虑、不安。长大后，她放弃执业律师和法律顾问的工作，学起了舞蹈。这让她找到了释放自己的方式。

后来，奥南朵和一名拮据的艺术家结为伴侣。为了生计，她离开舞蹈界，去了一家报社做起了销售工作。不出多长时间，她便在商场上闯出了一片天地。然而，钱赚得越多，她却越感疲累。随着她与丈夫的差距越拉越大，童年时代的阴影仿佛又笼罩回来。每天早上，她都在想："我为什么要起床？"29岁那年，状态越发糟糕的奥南朵放下工作，前往印度。在那里，她最终找到了拯救自己的方式：静心、冥想、探寻内心深处的幸福。

奥南朵在印度一待就是30年，她早已习惯了通过冥想的方式同自己对话。当她将心中或积极或阴暗的一面毫无保留地暴露在阳光下的时候，她感受到的是久违的轻松。一场场"深度对话"让她明白了自我生命的意义。如今，她早已成长为一名睿智的女性。

心灵作家张德芬曾称赞奥南朵道："她的状态是每个人都想学习的，虽然她70多岁了，但是精力充沛，笑容可掬。在和她接触的过程中，觉得她最大的特点就是包容接纳，而且充满慈悲。"

当痛苦、焦虑、恐慌、愤怒的情绪潮水般席卷而来的时候，你能够做的，是将这些情绪摆在台面上，诚挚地面对它们，而不是一味地将其压制、掩埋。只有将内心世界毫无保留地袒露在自己面前，我们才会发现隐藏在灵魂深处的诸多问题。

在心理医生看来，每个人的心里都住着一个调皮的"小孩"。如果你不去及时地抚慰它，与它进行面对面地交谈，它就会任意玩弄你的脾气，让你陷入低落、失意的情绪中。

如果你能够认真地关注它、安抚它，时不时地和它来一场心灵对话，它就再也不会跟你捣乱了。这其实是说，你内心的矛盾与纠结最终只能靠自己去调整、化解。

很多人在遇到情绪问题，或者人生难题的时候，总是希望身边的人能给他指出明确的方向。然而，每个人都有属于自己的生活，他人怎能轻易地给你的人生下定论？

当你因此而碰壁的时候，孤独之感便油然而生。只是你最终会明白，这种孤独是人生必不可少的一部分。你的路始终得靠你自己去走，别人给出再多的答案和建议都是没用的。倒不如趁着这静谧时分，坐下来和自己好好聊聊，因为你想要的答案就藏在你心里。

作家阿图罗·佩雷斯说："或许这就是人生，一个人呼吸，走路，只为了有朝一日会转过头回顾，见到自己被留在身后，然后认出后方在每个阶段蜕变而死去的自己，并对每往前跨进一步时所留下的债，漠然以待。"

　　与自己对话是个无比孤独的过程，可正是这一场场寂静、孤单的对话让你完成了一次又一次的灵魂升级。当那些难以忘怀的困苦，那些欲求不得的挫败，那些或遗憾或尖锐的情绪逐渐消融，当你不断地卸下灵魂深处的重担，你便能轻松地向前迈进。

　　那么，迷茫的你，该以何种方式来实现与自我的对话呢？

　　从奥南朵的案例可知，"冥想"是触及自我灵魂的最好方式。当内心那种消极无助的情绪到达顶点的时候，就去燃一炉香，用冥想的方式放空自己的灵魂。当身边弥漫起淡淡的烟雾的时候，你只需将所有烦恼通通放下。当一身的疲惫逐渐消融在时光中，你只会感到头脑一片清明。

　　很多忙碌的都市人都有冥想的习惯。他们会寻得一个合适的时机，暂时将工作和家庭的琐事抛掷一旁。再静坐一隅，闭眼，静静聆听着自己的呼吸声。

　　写日记也不失为一个好办法。现实生活中，很多性格内向的女孩难以面对内心深处那些隐秘的心事和消极的想法时，会选择将负面情绪掩埋或者遗忘，于是整个人变得越来越抑郁。殊不知"堵不如疏"，不妨捡拾起小时候写日记的习惯，用文字来承托心事。

　　当你将那些难堪的往事、焦躁的情绪通通转化成文字的时候，日记便成为一座时光之桥。桥这头站着如今的你，桥那头站着曾经的你。当时光交错，不同的你坦诚相见时，你会看透人生的真相，变得越发通透、明悟。

除此外，还可让"吾日三省吾身"变成一种习惯。临睡之前，舒舒服服地躺在床上，摒除外界的干扰，认真地聆听自己内心对这一天的总结。问问自己，有哪些幸运的事情值得欢喜？有哪些遗憾的地方需要补救？在这日复一日的对话中，未来的路会渐渐清晰起来。

阅读吧，让你的灵魂和外貌一样可爱

三毛在《关于读书》里侃侃而谈道："读书多了，容颜自会改变；许多时候，自己可能以为许多看过的书籍都成过眼烟云，不复记忆，其实它们仍是潜在的；在气质里，在谈吐上，在无涯的胸襟里；当然，也能显露在生活和文字中。"

那些"凭实力单身"的女子，习惯了以书香来涵养心灵，以阅读来练就强大的心性。而经年累月的涉猎和积累，让她们的思维不断更新，视野越发开阔，灵魂亦变得迷人、深邃。

奥黛丽·赫本主演的老电影《甜姐儿》就描绘了这样一个充满魅力的、腹有诗书气自华的"书呆子"形象，令影迷们津津乐道。

电影中，时尚杂志主编想要挖掘一个有思想的封面模特。他面试了一群又一群的年轻女孩，虽然她们个个身材窈窕、相貌美丽，但在主编看来，这些女孩子美则美矣，可眼神却呆板而空洞，一做表情就显得轻佻肤浅，远远达不到他的要求。

主编携带着团队来到一家书店取景，摄影师迪克突然发现书店店员乔·史托顿小姐（奥黛丽·赫本饰）外表清新，谈吐不俗，一举一动间如此活泼生动。他力荐乔为新任杂志封面女郎，而乔也打破了主编的固有印象，凭借实力完美胜任了这一工作。

乔的聪慧灵敏来自过往的阅读经历。她既能迅速地变身为《战争与和平》中的安娜·卡列尼娜，也能即刻化身为优雅惊艳的公主。她不仅迷倒了摄影师，也迷倒了屏幕前的观众。

《甜姐儿》中赫本饰演的书店店员虽然打扮朴素，但那一双黑亮亮的眼睛，却时刻透出智慧的光芒。多年来，她单身一人，只与书香做伴，反而变得越来越豁达聪慧。而这份靠阅读沉淀起来的底气，随着岁月的流逝，亦变得越发厚重、坚不可摧起来。

戏外的赫本，同样深爱阅读。和那些争奇斗艳、争名夺利的女明星不同，赫本向来拒绝做任人摆布的洋娃娃，她的成熟与美不仅表现在外表上，也表现在内心里。

身为女子，大多爱美，也大多摆脱不了华丽衣帽、名牌鞋包的诱惑。然而，残酷的是，对某些女性而言，无论她们装扮得多精致，一开口就原形毕露。

你曾受过的教育，走过的路，读过的书，其实都写在你的眼神里，深深融进血液里。而你内心的贫瘠、肤浅，总会在与人接触的时候袒露无疑。

爱阅读的姑娘，总有办法将单身生活过得丰富多彩有深度。她们内心安宁敞亮，却又富饶饱满。她们不惧人言，不畏艰险，总是活得恣意潇洒而又平和大气。

有人说，时光会将一个女孩变成"妇女"，而阅读却会让一个女孩变成"富女"。话糙理不糙，阅读可以称得上是这个世界最平凡而又最高贵的举动，正如高尔基的名言"学问改变气质"。良好的阅读习惯不仅能丰富你的思想，还能潜移默化地改变你的容颜。

女人卓尔不凡、独立自主的气质正来自阅读。只要充分地汲取知识，用以提升自己的谈吐，丰富思想，增长智慧，你的魅力非但不会随着青春的消逝而褪色，反而历久弥香。

一本好书能够帮助你定期扫除心灵的尘埃，释怀人生路上的重负。长期熏陶在书香中的女子哪怕生活在社会的最底层，也能拥有不俗的精神境界。农民作家范雨素便是例证。

2017年4月，范雨素的自传小说《我是范雨素》突然爆火于网络。人们读着那些温润、大气的文字，不敢相信它们出自一个只有初中文化的农妇之手。

范雨素的"与众不同"来自她多年保持的好习惯——阅读与写作。这让她跳脱出她的身世局限，也让她收获了人们的赞扬与尊重。甚至有人评价说，当年轻人如饥似渴地追求着财富的时候，农妇范雨素却因阅读获得了精神上的平等与富足，她让人想起了《简·爱》。

我们身边总存在着这样的姑娘：她们将自己的单身归结为"时运不济"，她们既不愿意敞开心扉，又抱怨无人理解自己；她们畏畏缩缩，自卑自怜，为眼前的一点得失计较不已；她们仿佛是为了别人的目光和评价而活，在这个过程中她们也遗忘了自尊自信……

如果你同她们深度交谈就会发现，只在乎化妆品高不高档、发型服不服帖，却不读书、不思考，才让她们变成了如今的模样。

社会在向前发展，喜欢读书的人却变得越来越少。我们习惯了窝在沙发上刷网页，看无聊的肥皂剧，却忘记了当初靠在窗边阅读时的感觉。

林清玄在《生命的化妆》一书中这样写道：女人的化妆有三个层次，第三层的化妆就是改变气质，多读书，多思考。爱读书的女人才是最美的，那份独有的气质无人能比。而阅读更是治愈孤独的良药和逆转焦虑心绪的捷径。

第二章
自立，让你
在最无畏的岁月里闪闪发光

找到除爱情之外，能够使你坚强地站在大地上的东西

对于很多女孩来说，一份真挚的爱情、一个牢靠的婚姻仿佛是生命的全部追求。这其实是将爱情、婚姻当成了一场赌局。现实中能够大获全胜或者从中全身而退的人并不多。再好的爱情也只能带给你暂时的安全感。毕竟除了爱情，你还有很多事情要做。

全身心依附于爱情的女孩，只会慢慢变得面目模糊起来。在这个世界上，你必须找到除了爱情以外，还可以令你坚强站立的方式。这样的你，才可以度过一段精彩无畏的人生。

撒切尔夫人的传记电影《铁娘子》中有这样一段情节：第一次议员选举失败后，丹尼斯为撒切尔精心准备了一个惊喜——一枚闪亮的求婚戒指。

只见丹尼斯眼神诚挚，缓缓说道："其实，你已经足够优秀，只

是因为你是店员的女儿，如果你是一个略有成就的商人的妻子……"

撒切尔断然拒绝道："我爱你，可是我不会成为一个安静地待在丈夫怀里的花瓶或者独自站在厨房刷盘子的女人。人的一生必须要有意义，不只局限于做饭、打扫屋子和看孩子，人生的意义不止于此。我不可能洗茶杯洗到死，你要明白……"

丹尼斯微笑道："这正是我要娶你的原因！"

撒切尔夫人留给普通女孩的是一个满怀深意的警告：想要依附爱情的人往往难以得到真正的爱情，所以先让自己变成独立自由的人，然后再去追寻一段完美诚挚的感情。

在电影中撒切尔夫人说出"人的一生必须要有意义"这句话的时候，她坚定的眼神和闪闪发光的灵魂彻底征服了丹尼斯。是的，你的一生必须活得有意义，就算是爱情也不能将你束缚。你为了爱情放弃了坚强独立，便是将光辉灿烂的未来抛弃在风中。

很多女孩在谈恋爱之前，往往行事坚定，目标远大。那时候，她们对自己的优势和缺点有着清晰的认识，对未来有着明确的规划。然而，遗憾的是，一旦她们陷入热恋中，智商和情商却极速下降，直至从独当一面的"女强人"退化成句句不离男朋友的"小女生"。

尽管这样，身边一些不明事理的人还会"好心"劝说她们："做女人就该懂得示弱，太强势不讨人喜欢。""'男强女弱'，感情才会变好。"……

　　殊不知，真正的爱情是势均力敌的。你的"示弱"应有前提，那就是你足够顽强、足够独立。如果你在爱情里亦步亦趋、"丢盔弃甲"，乃至越来越依赖这份感情，只会变得像温水里的青蛙一样，终有一天迎来悲惨的结局。

　　很多女孩是十足的"恋爱脑"，将爱情和婚姻当作脱离困境、解救人生的良药。一叶障目的她们看不清爱情之外的美好人生，于是活得越来越狭隘、盲目。

　　殊不知，你并非只有在爱情里才能实现人生的意义，爱情能够带给你的也不是生命的全部。身为女人，别老想着去做依附大树的菟丝子，而要挺直脊梁，迎着风雨和阳光稳定地立足于大地，如饥似渴地汲取着营养，这样才能为自己赢来比肩大树的机会。

　　刚进公司的第一天，陈磊就对同事秦芳一见钟情。近一年的死缠烂打，让陈磊如愿获得秦芳的芳心。第一次谈恋爱的秦芳只觉得生活变得前所未有地阳光明媚起来，而陈磊无微不至的关怀与照顾让她心中充满了柔情蜜意。

　　他们整日黏在一起，经常在上班时间偷偷聊微信。自从和陈磊在一起后，秦芳许久未去健身房。之前报过名的培训班屡屡催她去上课，可秦芳忙着和陈磊一起逛街、旅行，从未回应过。更让秦芳担忧的是，她不止一次因为懈怠工作遭到主管的批评。见秦芳哭得伤心，陈磊安慰她道："没关系，我一定会娶你，大不了咱们辞职不干了。"

秦芳很开心，彻底放弃了上进的念头，她干脆辞掉工作。陈磊家境优渥，他承担了秦芳所有的生活费。在他的娇惯下，秦芳花钱也变得大手大脚起来。

原本，秦芳以为她能一直这么幸福下去。谁知后来陈磊竟然违背承诺去和其他的女人相亲，还断绝了和她所有的联系。失去爱情的秦芳仿佛陷入了无尽的黑暗中。

秦芳自救的方法，是看清爱情的真相，让自己重新变回当初那个独立自主、对生活满怀希望的女孩。

对于每一个幻想爱情或者正处于甜蜜爱情中的女孩来说，心心相印的爱情固然能令人心生欢喜，但千万别让爱情束缚了自己。若是将爱情当成唯一值得追求的东西，人生之路只会陷入死胡同里。你要咬牙坚强起来，让自己活得精致且独立。

靠男人你最多成为皇后，靠自己却可以成为女王

严歌苓说："靠父母，你可以变成公主；靠男人，你可以成为皇后；只有靠自己，你才可以成为女王。不管什么时候，都要做一个不凑合不打折不便宜不糟糕的好姑娘。"

但现实生活中，很多女孩从小就被父母灌输了一种负面思想："嫁得好才是真的好。"她们梦想着依靠男人过上幸福的生活，像童话里的王子和公主一样。

与她们站在对立面的，是另一种女孩。她们在将自己活成女王的同时，还一针见血地指出，只有两种人才相信童话故事里的结局：天真的孩童和愚蠢的巨婴。

不认识杨芹的人，见到她的第一眼，定会打心眼里认为她是个"白富美"。只因她一身名牌，长发飘飘，举手投足间自有一股"睥

睨"众人的傲气。

可熟悉她的人都知道，其实她家境普通，比一般的女生好不了多少。自两年前，她认识了男友周宇后，生活才发生了翻天覆地的变化。周宇虽然比杨芹足足大了十几岁，但对她却有求必应，温柔体贴。见周宇事业成功、出手大方，杨芹父母对他也很满意。

谁知道杨芹偶然得知，周宇竟然是已婚人士。她一想到自己莫名其妙地变成了"小三"便觉得屈辱，两人大吵一架后关系就此破裂。杨芹辞去了工作，在家闷头睡了几个月。父母整日劝说她趁年轻找个老实男人嫁了，今后的生活也有保障。

不出半年，杨芹听从父母的安排，与他们眼里的"老实可靠男"于锋匆匆迈入了婚姻殿堂。谁知于锋表面木讷，骨子里却刻薄、倔强。有一次，他回家的时候一身酒气，杨芹劝了几句，于峰竟一面嚷嚷着"滚出我的房子"，一面将杨芹推出门外，锁上了门。

杨芹身着睡衣，站在寒风中，不由得痛哭失声。

有一类女性，之所以拼命工作，努力寻求着发展的机遇，是想着某一天能够底气十足、坦坦荡荡地站在真命天子前，与他共赏生命的美好，共度人生的艰难。这样的女孩，在伴侣春风得意时，不会攀附于他；在伴侣遭遇挫折时，也会不卑不亢地陪他一起面对。

有一类女性，哪怕有了男朋友的呵护，有了老公的疼爱，也不会轻易地放弃工作。纵然职场艰难，她们也会迎难而上，始终倔强。

在她们看来，哪怕自己挣得再少，只要能够自给自足，就不会向伴侣伸手要钱，为了一点生活费丧失尊严。

你要明白，当你在物质上依附男人的时候，你就无法奢望精神上的独立。当你不断在思想上进行自我"物化"的时候，你就只会成为男人眼中的附属品。

在等级森严的古代，女性毫无尊严可言。到了现代，平权运动愈演愈烈。女性在生活中、职场中遭遇歧视的现象时常发生。女性想要追求真正的平等，办法只有一个：靠自己争取，想方设法让自己活成女王。

你不能一边将女权主义挂在嘴边，一边幻想得到富家公子的青睐，从此出入宝马，名牌加身；你不能一边宣扬男女平等，一边只愿意享受权利，不愿意付出义务。作为独立的新时代女性，如果单身就要过得潇洒；如果成家，就要与伴侣相互扶持、并肩作战。

想要集齐各种口红色号，先让自己的钱包"胖"起来；看中某款名牌包包，就努力在职场上跑赢别人。想要的未来靠自己去争取，这种将安全感牢牢握在手心的生活才无比踏实，安心。记住，现在没有的，总有一天你会拥有。

30年的商界生涯，将董明珠锻炼成大家眼中的"铁娘子"，她浸满血雨又遍布阳光的人生经历，为普通姑娘们树立了一个最好的榜样。

儿子2岁的时候，丈夫因病而逝。巨大的打击没有压垮董明珠，她知道自己必须杀出一条"血路"来，才能拯救人生。于是，36岁的她毅然决定南下打工，那是1990年。

董明珠来到格力，从基层业务员做起，一路将职业精神发挥到极致。她曾以死缠烂打的方式在40天里追回了42万元的债款。她没日没夜地工作，从未休过年假……

身边的人总是劝她："孩子还小，你还年轻，没有男人撑起这个家，你们怎么走下去？"董明珠气极反笑。她在心里暗暗发誓，她一定要靠自己将这个家撑起来。

她奋不顾身地投入工作中，业务水平节节上升。两年后，董明珠在安徽的销售业绩已经突破了1600万元，而她也成为公司里一颗冉冉升起的新星。

董明珠用将近30年的时间将自己打造成名副其实的商界女王。无论面对何种境遇，她始终保持着精神上的自由和独立，于是活得越来越畅快、大气。

毛姆在《人性枷锁》中说："人追求的当然不是财富，但必要有足以维持尊严的生活，使自己能够不受阻挠地工作，能够慷慨，能够爽朗，能够独立。"拥有女王的实力和底气，才有选择的权利和勇气。与其等别人来养活自己，不如自己养活自己。

想要告别那逛不完的菜市场和挑不完的地摊货，不如先努力生活，学会为自己的尊严买单。当你有了选择权的时候，才能潇洒地迈入光辉灿烂的未来。

没有独立的人格，谁都救不了你

人生好比一盘棋，区别在于，有的女人甘愿成为棋子，她们主动走入被人摆布的命运中，逐渐丧失了自我。有的女人却愿意付出一切成为棋手，掌握布局的技巧，积累进退的经验，在错综复杂的棋局中痛快地燃烧着自己，最终收获精彩灿烂的人生。

身为女人，要有成为棋手的野心。失去人格上的独立性，忘记自我增值，你只会慢慢丧失魅力。

苏格拉底和妻子刚结婚的时候，两人过着清苦的日子。苏格拉底一心沉迷于哲学世界中，整天思索着各种玄妙的哲学问题。而他的妻子则一力扛起了家庭重担。

妻子每天天不亮就去采摘橄榄，再将橄榄榨成油，装瓶送往集市贩卖，挣一点微薄的生活费。面对那些凶恶狡猾的商贩，她从不退缩，反而与他们据理力争。在外人看来，苏格拉底的妻子是个大嗓门的"悍妇"。

苏格拉底成名后，人们总会对他的妻子指指点点，指责她说话太大声，没有女人的温柔。她逐渐变得压抑起来，再不敢像以前那样大声嚷嚷了。

苏格拉底逐渐体会到妻子的心情。有一次他对妻子说："亲爱的，以前的你，在集市上大声教训商贩的样子是多么迷人啊，你一直这样坚强而独立，我知道这才是真正的你。"妻子瞬间恍然大悟，立时便卸下了沉重的心理负担，回到以前的模样。

如果苏格拉底的妻子只会仰仗丈夫的名气生活，那她便会彻底地失去自我。她只有保持人格的独立，才能延续快乐的心情，并在两性关系里获得尊严。

如果你的伴侣喜欢的是委曲求全、面目模糊的你，那么只能说明他对你的感情并不如他承诺的那般深刻。记住，哪怕你天生丽质，生活也不会让你靓丽光鲜、风光无忧地度过这一生。

每个女人都终将明白一个道理：生活的本质其实就是"一地鸡毛"。只有拥有独立的人格，你才能从容不迫地捋顺那些细碎难堪的琐事，并将其变成一尾漂亮的"鸡毛掸子"，轻松拂去生活的尘灰。换一句话来说，女人越独立，婚姻越自由。

世人皆赞女性最好的模样是"出得厅堂、入得厨房。"其实不然，女性的魅力永远体现在：既有甘当绿叶、默默付出的勇气，也有驰骋山河、独当一面的能力。

然而在现实生活中，往往存在着这样一个问题：很多女性哪怕对伴侣心怀不满，也不会轻易选择离婚。她们中，有的人因"丧偶式家庭"的现状倍感煎熬，有的人面对伴侣的言语侮辱、精神刺激乃至身体伤害只是一味默默承受。

她们不选择离婚的理由有很多：怕单靠自己无法给孩子营造一定水准的成长条件；怕父母受不了这样的精神打击，而自己又无法成为他们的依靠；怕今后的生活难以维持。其实，说来说去，这个问题始终会回归到"独立"二字上。

正因你将幸福寄托在别人身上，才会丧失独立生活的能力，于是才不得不在一段糟糕的关系里委曲求全，极力忍耐。精神世界沦陷的第一步，是自我驱逐，逐步变成他人的傀儡。

张幼仪也曾在不幸福的婚姻里委曲求全，可是自她离婚的那一日起，她就幡然醒悟，一面自嘲曾经的固执与愚钝，一面走上了自强自立的道路。

1915年12月，徐志摩与张幼仪结为夫妇。徐志摩对新婚妻子张幼仪态度冷淡，而张幼仪却对这段婚姻充满了幻想。她每天都尽心尽力地做好妻子的本分，小心地伺候着丈夫徐志摩，指望他能回心转意。然而，她越是逆来顺受，徐志摩越是讨厌她。

在徐志摩看来，张幼仪是个不折不扣的"土包子"。面对这样的精神暴力，张幼仪一面苦学文化知识，希望拉近他们的距离；一面按照徐志摩的审美拼命打扮自己。她"抹杀"了自我，最终等来的却是徐志摩的一纸休书。

离婚后，张幼仪却好像突然开了窍。她迅速走出悲伤的状态，为了养活自己和儿子，她自学德语，攻读幼儿教育，以此开启自己的事业。后来，她又熬过了丧子之痛，将一颗心扑到事业上，直至成为一位令人敬仰的新时代女性。

张幼仪的独立、坚强最终为她赢来了尊重。在最困难的时候，她在心底下定了决心："不管发生什么，我都不要依靠任何人，而要靠自己的两只脚站起来。"

婚姻对于独立的女性来说，虽然重要，却也不是生命的唯一。一旦你丧失了人格上的独立，就会被逐步剥夺话语权，最后更会失去安身立命的资本。

独立意味着两个层面：经济独立和思想独立。无论是未婚还是已婚，女性始终不应该在经济上对伴侣产生过大的依赖。当然，要求绝对公平是不现实的，但女性要在力所能及的范围内去承担属于自己的责任。要做到这一点，就要积极地提升自我价值，活出自己的尊严。

其次，想要做到拥有自己的独立思想，就不要去为了寻求认同感和归属感而一味肯定别人，否认自我。更要在众说纷纭的时候秉持清醒的思考，不人云亦云，不随波逐流。

不是有个肩膀，就可以永远依靠

有人说："爱人的臂弯是你避风的港湾，而他的肩膀恰似航道上的灯塔。"很多女孩生性脆弱敏感，总想着能够找到一个可以永远依靠的肩膀，为她遮风挡雨，免她颠沛流离。

然而，优胜劣汰才是这个残酷世界的生存法则。记住，总想依靠别人的人，永远也直不起自己的腰。对感情来说，最好的姿态无疑是互相平等，势均力敌。

慕言和嘉柔来自同一个城市，两人都姓王，又是大学同学，年轻时候，她们都是清秀可人充满魅力的姑娘，最后也都如愿嫁给了爱情。

慕言嫁给了家境优渥的初恋，而嘉柔则与一位小有名气的企业家结为连理。不同的是，结婚后，嘉柔放弃了工作，过起了富太太的生活。翻开她的朋友圈，那一张张五光十色的照片便是岁月静好的见证。而慕言却将生子的计划推后，自学起了设计方面的专业知识。

慕言用学习点缀平凡的日子，过得充实而自由。几年后，她开了一家设计工作室，生意很好，亦结识了很多有趣的朋友。后来，丈夫投资失败，家境一落千丈，慕言一力承担起了家庭的重担。在她的支持下，丈夫慢慢挺过了难关。

反观嘉柔，这时却遭遇婚变。她的企业家丈夫通过种种手段将她踢出家门，对此她毫无办法，一夜之间从贵妇变成整日以泪洗面的怨妇。

在离婚率日益上升的现代社会，你能保证自己一定能够找到一个可以永远依靠的肩膀吗？人们总说："靠山山会倒，靠人人会跑，靠自己最可靠。"如今，还有几个人将这句至理名言记在心里？

女孩们，纵然你遇上了一个真心疼你爱你的好男人，也别忘了时间是削弱感情的利器。如果你打算将别人的肩膀当作永远的依靠，就得做好某一天他转身离去，将你撇在身后的心理准备。

然而时间同时也是证明自己最好的途径。任何时候都不要将时间白白浪费，而要将它花在"正途"上，努力充实自己。正如郭晶晶所言："你要嫁到什么高度，就要先把自己送到什么高度。"而人生一旦上升到了某一高度，眼界、境遇将不可同日而语。

你能依靠的，永远不是别人。只因这世上没有谁会心甘情愿地伸出肩膀，一直任你依靠。一时的依靠是甜蜜，一世的依靠只会变成累赘。只有靠自己，人生才不会输。

父母、亲人有老去的一天，他们不可能永远做你背后的"靠山"。爱人、朋友再亲密，也有自己的世界，你也需给他们一定的距离和空间。当你将自己变成一只蛀虫，全身心地依赖他们的时候，只会将他们推得越来越远。

你无法要求别人一直站在原地，任你依靠。当他们大步流星迈入未来的时候，你唯一能做的，是跟上他们的脚步，与他们并肩前行。

面对未知的世界，无论你有多害怕，都请鼓起勇气，大胆迈出第一步。遇到困难，不要左张右望，厘清思绪，抓紧时间，立即行动，尝试着依靠自己。难堪的境遇里，不要一味地哭泣，要擦干眼泪，挺起胸膛，沉着应对。只有经历折磨与痛苦，你才能成熟。

何丽玲曾说："女人能年轻多久？可以无忧无虑多久？身为依赖成习的女性，有时候我们该思考，如果有一天发生意外，我们有没有能力自给自足？总有一天我们必须靠自己想办法过日子，只有自己才能保障自己的未来。"这些话振聋发聩，发人深省。

一次访谈中，台湾商界女强人何丽玲微笑着说："我很小就明白，美貌和理财是女人一生最重要的事。"在她8岁的时候，有一天，祖母突然丢给她一本账簿，让她尝试着去记账。

那时候，她年纪还小，对此并不理解。看她一脸烦躁的样子，祖母耐心提点道："女人读书成绩差一点没关系，但是一定要懂得理财。"之后，祖母翻开账本，指着200多个互助会名单，让她从头到尾仔细看一遍。于是这个刚上小学二年级的女孩，就此开启了漫长的理财路，而这是她自强人生的第一步。

在大众眼中，何丽玲无疑是集美貌与智慧于一身的女子。8岁那年，祖母教给她的，是关于人生的第一课：人生是你自己的，不要想着依靠任何人。

有的女孩，死死抓住爱情不放，唯恐它会消失。有的女孩，将婚姻当作"长期饭票"，将伴侣的肩膀当作永远的依靠。只因她们的内心没有足够的力量来抵抗外部世界带来的不安和恐慌。于是一有风吹草动，她们立马躲在别人身后。

殊不知，费心取悦别人，唯恐爱情逝去的日子是最煎熬的。有这时间，不如好好强大自己，勇敢地走进风雨中吧！只有痛过，才知道坚强；只有坚强跨过，才能迎来全新的明天。

更何况，世事无常，再甜蜜的爱情也会风化、变质；再可靠的肩膀也可能在一夕之间撤退倾塌。人生更是难以预料，你根本想不到你满心信任的人会被时间改造成什么模样。指望别人的干粮过日子的你，先得做好挨饿一辈子的准备。

遇事冷静有主见的人，气场强大

古人信奉"女子无才便是德"。这种思想传承至现代社会，逐渐演变成一种毫无逻辑、极其怪诞的思维模式：仿佛楚楚可怜没有主见的女人最可爱。

于是生活中这样的情况随处可见：女孩总拿不定主意，甚至午餐吃什么都要男朋友帮她做决定；丈夫在外奔波一天，好不容易回到家中，妻子却搬出各种琐事，让他当即拿出主意。

有一类女性认为这样才能满足伴侣的"大男子主义"，殊不知这种思维模式长期发展下去，女性只会变得越来越软弱，同时，她们的伴侣也会变得越来越不堪重负。

章小蔷曾去一家知名游戏公司面试。因她学历过硬，外貌出众，人力资源经理对她很满意。经理当即通知她，下周一便可上班。谁知章小蔷听到这句话后，反而愣了下："我，我回去和我男朋友商量下。"

经理不悦地皱起眉头，礼貌地回复了几句，却再也没提上班的事。回去后，章小蔷将这件事告诉了男友张浩。张浩一听，无奈道："你应该当场答应啊，有什么好商量的？"章小蔷听出了他话里的责备意味，不由得委屈道："我觉得那家公司有点远，所以想跟你商量一下。"

张浩重重叹了口气。此后几个月里，章小蔷屡屡碰壁，一直找不到合适的工作。张浩无奈，只得托朋友帮女友介绍了份工作。谁知道上班之后，章小蔷反而对他越来越依赖了。

她将在职场上遇到的大事小事通通告诉男友，指望他帮自己拿主意。有一次，她哭哭啼啼地回到家中，对张浩抱怨道："这份工作太折磨人了，大家都在刁难我，你说我该不该辞职？"

谁知张浩冷冷道："以后你自己的事自己做决定，别来烦我。"见他态度冷淡，章小蔷愣了，心里很不是滋味。

以前的社会要求女人遵循"三从四德"，一切都得听从男人的吩咐。由于女性自我意识长期处于压抑的状态中，她们的意见从来得不到重视，久而久之，她们慢慢失去了主见。

到了现代社会，这种情况改善了不少。然而，我们身边还是有不少女孩，拗不过脑子里那根顽固的"筋"。她们虽然不再像封建社会那样处处听从别人的意见，却也改变不了依赖别人的习惯。遇到困难，除了哭泣就是抱怨，根本无法保持理智和冷静。

也许你曾有过这样的体验：逛服装店的时候，一个朋友说这件好，一个朋友说那件好，你瞬间就没了主意。你们逛来逛去，最后一件都没买成。

生活中，这种琐碎的事情就能体现出一个人的性格本色。如果你连一点小事都解决不了，遇到一丁点意外就大呼小叫，又怎会有勇气和能力去面对人生路途中真正的难题？

随着社会竞争越来越激烈，每个人都在奋力奔跑，艰难前行。他们唯一希望的，是自己在为未来殚精竭虑的时候，身边的人不要拖他们的后腿。

你越是举棋不定，就越会给你的伴侣、家人、朋友造成困扰。而缺乏决断力，在别人身后亦步亦趋的你，只会在那种杀伐果断，拥有强大气场的同性面前黯然失色。

最有魅力的女人，一定有着明确的生活目标和人生理想。成年之后，你首先需要摆脱的是对父母的依赖，不要什么都以父母的判断为准；成家之后，你要与丈夫形成同盟关系，而不是寄居关系。遇事第一要素，是冷静；其二是自己拿主意，不要指望别人。

生性软弱的姑娘，想要修炼出属于自己的强大气场，就得有意识地去训练自信心，让自己的眼神、语气变得更坚定。缺乏自信心的人大多性格软弱，容易受人影响。如果你也是这样的人，一定要通过各种方法逐步增加自信。比如说，你得为自己找到一个目标，再将所有的精力倾注于自己擅长的领域。这是建立自信的第一步。

尤其需要注意的是，你得保证自己的目光始终温和有力，而不是闪烁不定。有的女孩总是将"可能""大概""也许"之类的词挂在嘴边，这也是不自信的表现。在与别人交流的过程中，你要尝试改变说话的习惯，提高音量，让自己的回复中肯、简洁、有力度。

遇到问题就手足无措，一味指望别人，是某些女性失去主见的原因。甚至有人断言道，女人就跟孩子一样幼稚。这些话虽然偏激，却也揭露出一个事实：有些女性的理性程度仅仅相当于孩子。她们早已将独立思考的感觉淡忘。其实，思考是人类的本能，也是解决问题的必经之路。求人不如求己，养成积极思考的习惯，比一味指望别人有用得多。

很多气场强大的女性有着一个共通点：始终保持着稳定的情绪。而情绪波动较大的女性始终给人一种无法信任的感觉。基于此点，你一定要记住，无论心里有多慌乱，有多害怕，都不要絮絮叨叨地抱怨，更不要一惊一乍、大惊小怪。

女人为什么一定要有一份属于自己的工作

风靡一时的电视剧《我的前半生》中，女强人唐晶对闺密罗子君说："你知道旧社会男人为什么可以三妻四妾吗？就是因为女人都要靠男人养活。你一口饭一碗汤都是因为你取悦了人家，人家赏给你的。这种依附关系一旦建立，还谈什么情感平等。我鼓励你去找一份工作，不管钱多钱少，你赚回来的是一份尊严。"

这段台词堪称字字珠玑，振聋发聩。女人的底气来自于一份属于自己的工作。当你有了自己的事业、自己的朋友圈、自己的喜好，你的生活会变得越发充实、灿烂，无论离了谁你都能将这份精彩和潇洒延续下去。

罗子君原本是一名全职太太，过着养尊处优的生活。当丈夫在职场上奋力打拼的时候，她最关心的事情却是购物。她可以毫不犹豫地花8万元买一双鞋，却懒得用心提升眼光和品位。等到丈夫提出离婚的时候，她只顾瞪大双眼，却不知道问题究竟出现在哪里。

拯救她的，是一份商场鞋店导购的工作。因为这份工作，她争回了儿子的抚养权，并第一次体会到那种自给自足的满足与充实感。这份平凡的工作亦成为她人生新的起点。

在朋友的帮助下，她成为鞋店的销售冠军，生活变得越来越精彩。后来，她去了更大的公司，有了一份更体面的工作，人生就此展开了新的局面。

有过婚姻经历的女人，大多有着这样的体验：无论过得怎样，都要有一份属于自己的工作。不在于钱多钱少，而在于那份尊严。

结婚前，男人总会说："我负责挣钱养家，你负责貌美如花。"谁也无法质疑他当初承诺之时那满心的诚挚。然而，谁也不敢保证，这份承诺一定能坚持到底。

网上曾流传过一段惊心动魄的视频，让人感慨不已。某一商场里，女子偶遇前夫，两人一言不合，顿时激烈地争吵起来。前夫扬起巴掌，狠狠地打在女子脸上，同时叫嚣道："你身上穿的衣服和手上拿的手机都是我买的，你有什么资格跟我叫板？"

女子气愤不已，啪的一声摔过手机，干脆地脱下身上衣物，将它们通通还给前夫。视频外的看客只能看到女子这一刻的羞辱，却看不到这背后经年累月的压抑和心酸。

身为女人，只有拥有一份体面的工作，才不用仰人鼻息，看人脸色。当你沉浸在爱人的承诺中，畏缩在父母的呵护下，做出放弃工作的决定时，其实是在放弃你唯一的退路。这样的你，迟早会沦为家庭的附属品，迟早要领教世事无常的代价，尝遍人生的苦涩滋味。

某热门网站上，曾有人列出了一份愿望清单，主题是25岁之前必须要做的事情。其中第一条便是：找到一份足够养活你的工作，将它发展为事业。这引来很多人的点赞。其中，某位网友的评论十分醒目："脱贫，永远比脱单重要。"

工作，是你立足于世的资本。你所依仗的姿容迟早会随着时光而逝去，而工作赋予你的见识和阅历却远远超越一副美丽皮囊所能够带给你的一切。那种成就感只会让你变得越来越有魅力。

夏晴晴原本在北京一家公司担任后期剪辑的职位，平时工作虽忙，她却十分享受。每一次，她加班熬夜终于完成一件作品的时候，内心总会洋溢着一种幸福感。

工作几年来，她认识了很多志同道合的朋友，也获得了很多业内奖项。就在晴晴踌躇满志，想要扩宽事业道路的时候，她却遇到了自己的真命天子刘志。

让周围的人大感意外的是，晴晴这个不折不扣的工作狂居然做出了放弃目前这份待遇优厚、前途光明的工作的决定，和刘志回了老家。

他们很快就结了婚，刘志劝说晴晴报考当地的公务员。那段时间，她整日待在家里看书，也变得越来越不修边幅起来。以往上班的时候她每天都打扮得光鲜亮丽，如今，她却总是一副蓬头垢面的样子，饿了就一边刷韩剧，一边吃炸鸡。

随着身材越发走形，晴晴也变得越来越痛苦、空虚。她越来越怀念当初拼搏职场的日子，连带着对目前的生活也生起了一股怨憎。

工作能给予你什么？首先，它会让你遇到同伴，抵消生命中的孤单。无论你在何地拼搏，你一定会遇到能与你站在一条战线的伙伴。

厉害的上司，能教给你的是眼界和格局；善良的同事，让你懂得了什么是相互扶持，并肩战斗；懵懂的下属，映照出的是你青涩的过往，你的来路。这些有趣的人，将教会你成长。

其次，好的工作带给你的是沉甸甸的责任感，让你不再迷茫。离开大学，进入社会，摸爬滚打的这些年，你必须经历一个从迷茫走向坚定的路程。

随着你在陌生的城市里站稳脚跟，随着事业出现生机，你变得成熟内敛而又自信昂扬。那些密密麻麻的计划填满了每一个平凡的日子，这样的生活有声有色而又有滋有味。

工作本质上是一个谋生的饭碗，但它同样也能成为女人精神上的支柱。它让你独立、自强，同时也能让你的个人价值得到最大的挖掘和发挥。一份喜欢的工作，一段长期的事业，是女人始终保持着容光焕发的状态的秘密。所以说，任何时候，女人都不该轻易放弃工作。

不断提升专业素养，别人越需要你，你越有价值

在今天的商业社会中，职场女性的重要性越发凸显。无论是国外Facebook的"最强女皇"雪莉·桑德伯格，还是国内格力的"第一夫人"董明珠，这些优秀精干而又独立睿智的女性高管为普通职场女性的晋升之路树立了绝好的榜样。

然而，职场女性在职业发展过程中，需要面临的挑战比一般男性要多得多。可以说，她们越是向前奋进，便越感艰难。打开局面的唯一方法，就是不断提升自我专业素养。

口头上的努力是无用的。只有将自己变成一个不可或缺的重要角色，才能突破职场瓶颈。身为女性，更要努力打破"职场花瓶"的尴尬身份。记住，只有让自己的专业素养高出竞争对手一大截，才能淋漓尽致地体现出你的价值。

当雪莉·桑德伯格接受扎克伯格的邀请，转战Facebook的时候，舆论一片哗然。一位网络博主甚至撰写了一篇长文来批评她，并在长文下配了一张桑德伯格的照片，照片上的她脸上被写上了"骗子"两个大字。无数人断言，桑德伯格会毁了Facebook。

令人意外的是，刚去Facebook上班的第一天，桑德伯格就提交了一份独特的提案，尽管很多元老对此表示怀疑，扎克伯格却很支持她。任职不久后，她非凡的领导和管理能力逐渐凸显，慢慢地Facebook的员工对她的态度发生了转变。

在任期间，桑德伯格一手负责整个公司的商业运营，并逐步开创出Facebook独有的广告业务模式。在她的推动下，2010年Facebook终于实现了首次盈利。这下，再也没人质疑桑德伯格的能力了，人们甚至亲切地称她为Facebook的"半边天"。

面对外界的质疑和反对，桑德伯格从未退缩。她愈战愈勇，最终用自己的专业素养打破了人们对于职场女性的偏见，成功赢得了大家的尊重。

很多人对女性抱有偏见，认为她们身处职场环境，总是容易浮于表面。有人说，生活中的大部分女人缺乏理性思维，无法胜任专业性较强的工作。还有人说，女人在职场中总是心有旁骛，难以全力以赴地投入工作中。

这些偏见让女性的职场之路越走越狭窄。权威数据显示，大小企业中担任总监级别以上的男性占有极高的比例，而女性的人数则寥寥无几。想要打破这种现状，改变人们的偏见，职场女性唯一能做的是集中精力去提升自己的专业素养。

那么，专业素养是如何练就的呢？

专业是一个人在职场中对他所从事的行业、所负责产品的熟悉程度。对于女性来说，哪怕身边羁绊良多，也要强迫自己沉下心来，积极学习专业知识，努力听取前人的经验，给上司、同事、客户留下专业权威的印象。

想要在专业领域扎下根来，必须要经历一段漫长而又艰辛的过程。身为女性，你不能主动示弱，反而要增强学习的积极性。最有效的办法是：一面结合专业书籍上的知识，将之付诸实践；一面学人之长补己之短，迅速在职场上树立起鲜明的个人品牌。

你要充分发挥女性骨子里的韧性，顶住压力，克服沉闷。以持之以恒的态度，坚持在一个行业纵深发展，将"根须"扎入深处，再耐心等待"爆发"的那一天。

职场中，只有在岗位上发热发光的人，才能得到上司的赞扬和认同，才不会被同事们说闲话。有些女孩的职场道路之所以会走偏，是因为她们一开始打的就是一些"歪主意"。

她们当中，有些人频频利用女性优势来为自己谋取便利，看似占了便宜，实际上却白白耽误了自我成长的关键时机；有些人则成为职场老油条，一味得过且过地混日子，梦想着能靠自己所谓的"好人缘"通吃职场，岂料危机一来，她们直接成了被放弃的那群人。

作为职场女性，任何时候，你都要做好本职工作，努力提高个人能力。记住，你的文化水平、道德品质和职业精神关乎一个公司的形象，而这些也是你职场晋升路上的"通关卡"。

你还需要注意的是：职场拒绝眼泪。你的专业精神体现在任何时候都能表现得体，永不失态。生活中，女性往往会用哭泣的方式来疏解情绪。这也造成了人们对于女性的固有印象：软弱、情绪化。

职场中，最忌讳的就是不分场合地用眼泪来表达立场和感情。若心中的委屈实在无法化解，寻找一个合适的时机，寻找一个无人的地方，痛痛快快地哭一场。然后将泪水擦干，化上精致的妆容，摆上最自信得体的笑容，再一次全力以赴地投入工作中。

身为女性，柔弱并不足以充当你的保护伞。在职场这个弱肉强食的地方，你只有让自己变得更强，才能获得别人的信任，彻底打通晋升之道。

第三章
趁时光正好，
去做你想做的事情

时间就该浪费在美好的事物上

让很多女孩不解的是，为什么同样的人生，有的人就能活得从容精致，将日子过成一首诗；有的人却活得狼狈不堪，一路跟跟跄跄、郁郁寡欢地行走在布满阴霾的道路上。

前者似乎永远沐浴在温暖的阳光中，让人妒忌。你若问她们为何活得如此惬意。她们会回答说，人生苦短，而光阴越是珍贵，就越该"浪费"在美好的事情上。

晨曦是一名自由摄影师。她说，自己最大的爱好是"浪费时间"。她生性浪漫洒脱，恨不得将所有的时间都倾注于"诗与远方"上。平日生活里，她时不时就会来一场说走就走的旅行，用相机记录途中美好的人、事、物，用眼睛捕捉一切感兴趣的画面。

她花很多时间将自己的作品制作成明信片，写下一段段清新的文字，寄给远方的朋友。她向朋友们分享自己的喜悦，渴望能为她们带去生活的芳香和诗意。

和晨曦不同的是，沈晴是一个精明强干的职场女性。然而她最大的享受也同样是"浪费时间"。每天结束完忙碌的工作后，她会约上三五好友，来到街头排档。她们一边吃着小龙虾喝着啤酒，一边静静地感受着充满烟火气息的夜晚。就在身边的人你追我赶，铆足了劲想要过上更好的生活时，沈晴却利用业余时间修炼起了厨艺。

她最喜欢的，是花很多时间为自己炖上一锅美味的排骨汤，在那浓郁的香气中放松身心。

"时不我待""只争朝夕"成了现代人一致的追求。地铁疾驰而过，承载着人们沉甸甸的梦想，从白天滑入黑夜，又从城市中心赶往四面八方。

回忆往昔，每个女孩都曾对未来的自己怀着无限的憧憬。年少之时，她们敏感执拗，从不愿认输。为了一个肯定的眼神，她们宁愿全盘否定自己去迎合别人；为了一个充满赞扬意味的微笑，她们想尽一切办法将自己改造成别人欣赏的样子。

长大以后，这份敏感、这份"在意"变得越发沉重，甚至占据了生活中很大的比例。她们做着不喜欢的工作，说着违心的话，与不喜欢的人相伴而行，将真实的自己逐渐淡忘。

她们穿行在钢筋水泥间，过着争分夺秒的人生，满怀焦虑，日复一日，生怕落于人后，唯恐将这光阴白白蹉跎。她们也曾对未知世界怀有最美的梦想，却始终害怕失败，讨厌被拒绝，所以一直畏缩在亲手搭建的"硬壳"里，不愿意触碰真实的生活。

后来，她们习惯了这一切，变得越来越麻木。她们好奇地看着身边那些与众不同的"另类"女孩，不知道后者为什么活得那么"放肆"，那么从容。

原因很简单，因为那些"另类"的女孩从来不介意将时间浪费在美好的事情上。她们没有时间去在意别人的想法，只是专心致志于脚下的每一步；她们不愿意为了别人的想法去改变自己，因为她们打心眼里喜欢自己的模样。

她们不惧怕失败，因为痛楚向来意味着成长；她们从不害怕去远方，因为世界上最美好的体验就是感受未知的神秘。她们不会任由无数美好细碎的"小确幸"遗失在指缝，相反，她们最擅长做的事情就是打捞平庸日子里的美好时光。

逝者如斯夫，不舍昼夜。时间不会为任何一个人而停留。无论是满怀怨愤地过一天，还是开开心心地过一天，这一天都将永远地从你的生活中逝去，永不回头。

当时间自顾自地流逝的时候，与其将它浪费在焦急抑郁的情绪上，不如将它浪费在美好的事情上。既然你抓不住时间，那么就趁时光正好，肆意地去做自己想做的事情吧。

何为美好？每个人都有每个人的感悟和定义。有的女孩喜欢静谧的阅读时光，那么对她而言，午后躺在沙发上，晒着阳光看一本书，是一种美好。有的女孩向往着旅途中的风景，那么对她来说，背着背包穿行在陌生城市的大街小巷，是一种美好。

有的女孩喜欢品茗，在她看来，等待泉水烧开的过程便是美好。有的女孩享受运动的快感，对她来说，大汗淋漓地跑上几圈最是享受。

美好，是一切积极的事物，是向上的动力，是不惧困难的勇气，是坚持做自己的决心。美好，又是生活里一切琐碎的幸福，是自在敞亮的心情。

人这一生，注定什么都不能带走。所谓美好的人生，无外乎是顺从本心去生活。所以，千万不要将这有限的光阴浪费在犹豫和纠结上。该笑就毫无顾忌地笑一场，该哭就淋漓尽致地哭一场。趁阳光正好，趁微风清爽，请摆出潇洒的姿态去面对未来。

别忘了答应自己要做的事情和想去的地方

　　台湾教师、艺术家曲家瑞曾在某档综艺节目上与观众分享了一个"交换青春"的故事，让人顿生感慨。每个小姑娘都在迫切地盼望长大，好将一切都甩在身后。而每一个历经世事繁华的女人都希望回到过去，回到无忧无虑的童年。

　　成长让我们离曾经的自己越来越远。岁月让我们徒增年龄，时光磨平了棱角与心性。能够保持内心的纯真是多么不容易的事情。只因一条路走得久了，早已寻不见当初那份单纯的执着。只希望现实再冷，岁月再长，你我都能顶风冒雪，向着心心念念的诗与远方前进。只希望无论身处何时何地，我们都别忘了曾在心底默默许下的梦想。

　　那一天，曲家瑞原本计划和朋友去海边游泳，在去海边的路上她们远远看到一户房子门前的草地上摆满了锅碗瓢盆。她意识到这是当地的"跳蚤市场"。曲家瑞一眼看中了一个精美的芭比娃娃，它可以走动、跳舞，一下子激发了她的童心。

曲家瑞向卖娃娃的男人问道："多少钱？"他开价27.5美元。曲家瑞心想太便宜了，连忙掏出27.5美元递给男人。谁知男人却说："噢不，不是跟我交易，是跟我的女儿，这个芭比娃娃是她的。"一个胖胖的小姑娘走过来。曲家瑞一边将钱递给小姑娘，一边问道："你多大了？"小姑娘奶声奶气地回答说："11岁。这个娃娃是有名字的，她叫Dancing Barbie。"

曲家瑞奇怪道："你为什么卖掉娃娃？"小姑娘的口气无比认真："因为我长大了，我不能再玩洋娃娃了，我要拿卖玩具的钱去买卷发器。"

一瞬间，曲家瑞感慨至极。她想，在这个台阶上，她和一个11岁的小姑娘交换了青春。

博士作家曾锴在文中写道："愿我们有缘此生，不忘初心，不负光阴，活出自我，终得精彩；愿你历尽千帆，归来仍是少年。"这话令人感动。

可是你我身边，多的是被沉甸甸的现实压塌了脊梁、被浮华世界里的灯红酒绿迷惑了心志的人。很多姑娘甚至决绝道："梦想才值几个钱？坚持得越久，越发现，曾经的梦想分文不值。"她们中，有的被现实辜负，所以干脆抛下曾无比珍视的一切，一意孤行地向着反方向走去；有的却在数条道路间跳来跳去，始终躁动不安，难得平静。

我们都到了不敢妄谈梦想的年纪，甚至会嘲笑那些背负着初心默默前行的人。只是，那嘲笑声惊慌又凄凉。我们抛掉一切不够成熟不够现实的想法，奋力成长，唯恐被别人超过。然而，某一个黄昏午后，蓦然想起曾经青涩单纯的自己，却又觉得惋惜。

小时候曾幻想环游世界，长大后，却羞于向人提起这华丽的梦。于是便面无表情地做着朝九晚五的工作，一遍又一遍地重复着枯燥无味的昨天和前天。小时候曾盼着一场轰轰烈烈的爱情，长大后却无法奋不顾身地喜欢一个人，于是只能守着安稳却冰冷的婚姻过一生。

从前的你，总执着地认为未来的自己定能活得快意恩仇，畅快淋漓。某一天，你绝望地发现蝇营狗苟才是人生的真相。从前的你，发誓要成为一个优秀的人，找到属于自己的舞台。然而某一天，你脑海里却挤满了悲观的想法——光是活着就已经耗尽全力，又有何资格奢谈梦想。

当以前的样子变得模糊，初心亦被现实碾压得支离破碎的时候，我们行尸走肉般地过着远离梦想的生活。可是，不同的选择带来的是不同的人生。

一旦你忘了曾答应自己要做的事情和想去的地方，你就永远无法到达梦想的彼岸。梦想怎会逃跑？会逃跑的是你自己。正如那首歌所唱："如果骄傲没被现实大海冷冷拍下，又怎么会懂得要多努力才走得到远方？如果梦想不曾坠落悬崖千钧一发，又怎么会知道执着的人拥有隐形的翅膀？"如果你不曾经历现实的黑暗，又怎知坚守初心、砥砺前行的可贵？

电影《当幸福来敲门》中的主人翁克里斯·加德纳原本是一名推销员，他最大的梦想是给予妻子、孩子一个富足幸福的家庭。于是他努力工作，勤勤恳恳。然而，有一天克里斯没了工作，生活一下子陷入了低谷。妻子无法忍受拮据的生活，决绝离去。

克里斯和儿子被房东赶出家门，他们住过纸箱，也住过公共卫生间。克里斯找不到工作，只能打散工赚钱。然而在孩子面前，他始终是一副乐观的模样。纵使日子过得艰难，但他却积极寻找着出头之日，而不是自甘堕落于生活的泥潭中。

当他知道成为一名出色的股票经纪人就能够带着儿子过上富足的生活后，他来到华尔街一家股票公司当起了学徒。历经重重困难后，克里斯开了一家股票经纪公司，从最底层的学徒工摇身一变成为百万富翁。

哪怕一度艰辛到了极点，克里斯都未曾放弃过理想，所以他最终迎来了属于自己的辉煌。当你抱怨自己总会被生活辜负的时候，想想你为了梦想做过些什么，你如今正在做什么。

　　无论身处何种境遇，至少你要活得像自己，至少你要记得最初的梦想。哪怕它遥遥无期，也不要轻言放弃。再疲惫，也要守着那颗初心，不管多难，不管多远。

拒绝金钱的诱惑，选择真正的自由

1961年上映的电影《蒂凡尼的早餐》给观众们留下无数经典台词，最深入人心的，却是这一句："无论你去哪里，你总是会遇见你自己。"当那个爱慕虚荣的农家少女与整日做着作家梦的穷小子相拥于瓢泼大雨之中的时候，她得到的是真挚的爱情和久违的浪漫与天真。

农家少女霍莉·戈莱特为了过上更好的生活，只身一人去了纽约。她没有学历，没有背景，甚至没有一技之长，唯一拥有的就是一张漂亮的脸蛋。于是，年纪轻轻的她周旋于各种有钱的男人间，陪他们聊天吃饭，以此寻求谋生之道。

霍莉迷恋奢侈品，她会专门绕道去蒂凡尼，一边目不转睛地盯着橱窗里的珠宝，一边吃着廉价的早餐。手头但凡有点闲钱，她都会用来购买漂亮的衣服和珠宝，因此总是无法攒下积蓄。她心里渐渐升起了一个念头——她要嫁给一个有钱的富翁，从此过上安定的生活。

有一天，一个名为保罗·瓦杰克的穷作家成为霍莉的邻居。同霍莉类似的是，他靠着有钱女人的"馈赠"来维持生计。保罗越了解霍莉，越发现她其实是一个单纯善良的女孩，他渐渐爱上了她。保罗洗心革面，自力更生起来。他向霍莉表达了心中的爱意，一心想要帮助她走出生活的泥潭。然而，霍莉却无情地拒绝了他。

一番周折后，霍莉幡然醒悟，她戴着保罗送给她的廉价戒指，与保罗相拥于大雨之中。

霍莉从小过惯了穷苦的生活，所以比常人更加爱慕虚荣。在她看来，只有金钱才能满足自己的心愿，只有金钱才能带给她自由和安全感。然而，当她为了金钱放弃了尊严，拒绝了一份真挚的爱情后，她便亲手将自己锁入了牢笼之中。

正如保罗对她的斥问："无名小姐，你知道你的问题在哪儿吗？你怯懦，你没有勇气，你害怕挺起胸膛说：'是的，生活就是这样。人们相爱，互相属于对方，因为这是获得真正快乐的唯一机会。'你自称你有一个自由的灵魂，是一个'野东西'，却害怕别人把你关在笼子里，其实你已经身在笼子里了，而且是你亲手建起来的，不管你在西方还是在东方，它都会一直紧随着你，不管你往哪儿去，你总受困于自己。"

普通人为了谋生必须逼迫自己陷入沉重烦琐的工作之中。而财务自由的人却不受金钱的控制，他们工作的目的不在于生存。追求财务自由无可厚非，但若因为过度追逐金钱而忘了聆听来自灵魂深处的声音，甚至亲手将自己锁入牢笼却是得不偿失的事情。

令人遗憾的是，财务自由的概念越是深入人心，人们越是为了金钱疯狂不已。所以社交论坛上频频出现这样的问题："拥有多少钱才算是财务自由？"有人在底下评论说："至少得有500万的存款。"另一些人嗤之以鼻："500万根本不算什么，1000万都不为多。"

然而，现实生活中，拥有500万乃至1000万的成功人士又有几个能享有真正的自由？他们习惯负重前行，唯恐落于人后。他们的功利之心无休止地膨胀，不计其数的人沦落其中。尤其是那些不谙世事的年轻女孩，她们被物欲蒙蔽了双眼，被金钱侵蚀了内心的单纯，渐渐变得面目狰狞起来。

不要在金钱与自由之间画上等号。哪怕亿万富翁也在为未来焦虑，觉得周身受困、寸步难行，可见金钱与自由的关系远远不如我们想象的那么紧密。

有一篇名为《孩子在为谁而玩》的心理寓言：

一群顽皮的孩子总是聚在一户人家屋前嬉闹玩笑，屋里的老人被他们吵得烦扰不堪。有一天，他走出门外，对那些孩子说："你们让这儿变得热闹了起来，所以我给你们每人25美分，以表达谢意。"

孩子们兴高采烈地揣着硬币回家了。第二天，他们又聚在老人家门前，吵闹得比以往更大声了。到了傍晚，老人出来了，给了每个孩子15美分。他耸耸肩膀道："我没有收入，今天只能给你们15美分。"孩子们略感不满，拿着钱回家了。

到了第三天，老人只给了每个孩子5美分。那些孩子瞬间变了脸色，暴怒道："为什么才5美分，你知道我们有多辛苦吗？我们再也不会为你而'玩'了！"

当你抱着获取更多金钱的目的去"玩"，或者为了别人去"玩"，这原本轻松畅快的自由时光也变得万分痛苦起来。所以说，真正的自由一定出于内心的热爱，一定不受金钱物欲的奴役。能够拒绝金钱的诱惑，并主宰自我人生的人，才值得人羡慕。

能够真正实现财务自由的人，不止有钱有闲，还有一颗不受困的灵魂。他们拥有金钱，却不会被金钱所占有。更不会为了拥有更多的钱去抛弃人生中更珍贵的东西。哪怕有一天他们失去了金钱，也不会因此而迷失方向。

对年轻姑娘们来说，金钱是抵达幸福生活的工具，却不是人生的唯一目的。哪怕没有钱，你依旧可以做自己想做的事情，你依旧可以享受自由的人生。

有些事现在不做，一辈子都不会做了

犹记得小时候，最喜欢的事情是收集五彩斑斓的贴画，再将它们整整齐齐地夹在书页中间，内心总有一种说不出的满足感。小时候最渴望的，是夏日午后一碗甜蜜的红豆冰沙，所以常常攥着小拳头下定决心，长大后一定要吃很多碗红豆冰沙。

真正长大以后，红豆冰沙的滋味不再如记忆里的美好，偶尔看到贴画之时，内心也是毫无波澜。不是它们变了，而是我们变了。有首歌这样唱道："有些话说着说着就忘了，有些人走着走着就散了，有些事看着看着就淡了……"

时光远远比我们想象的还要无情。你总想着等钱包变满了再去做想做的事情，等自己变得足够优秀了再去爱想爱的人。可是等到钱包真的变满，等到你变得足够优秀的时候，才发现青春一晃而过，如今的你早已丢掉了热情，早已错过了真正爱的人。

　　台湾电影《练习曲》描述了明相独自环游台湾岛的故事，引起无数共鸣的是他那句朴素的心声："有些事，现在不做，就永远不会做了。"

　　明相是个患有听力障碍的年轻人，他梦想着能来一场单独旅行。然而，亲人们却担心他的安全。一番纠结后，明相还是背上了他的吉他，开始了一段七天六夜的单车环岛旅程。

　　一路上，他遇到了来自立陶宛的年轻女孩，耐心听她说着自己的故事；肚子饿的时候，他与工厂女工们共同分享着便当；寂寞的时候，他在海边弹起了吉他，月色优美，海潮声声，他就地而眠。

　　明相的故事让人想起那封曾引起无数热评的辞职信："世界那么大，我想去看看。"那名女教师任职已达11年之久，或许，只是为了脑中一个缥缈的念头，她毅然决定辞职。

　　面对记者采访，女教师笑道："做出辞职的决定是为了自己。这次出来或许会遇到风景优美的地方，开间客栈，安顿下来，或许继续出去走走……"

　　人生如白驹过隙，有些事情现在不做，更待何时？想去旅行，不妨暂时抛下人情世故、是是非非，背上背包果断上路。有些事情，不在想做的时候立刻去做，以后就真的做不到了。

　　既然每个人的生命都是有限的，那么怎样才能算没有虚度此生呢？答案是：想做的事早点行动，想爱的人主动靠近，拥有梦想就去实现。这个世界上最幸福的事情之一，莫过于为了一个目标倾尽全力。你始终犹豫不决，便只能收获一段拖泥带水、充满遗憾的人生。

生活中，借口没有时间的人反而拥有大把多余的时间，所以他们将心中的执念一拖再拖，直至心房长满青苔，直至一腔热血渐渐变凉。于是曾想珍惜的时光，曾渴望实现的梦想，曾想抓住的人就这样白白流逝于指尖，它们终将被遗忘。

当你固执地认为为时已晚的时候，恰恰还很早。做你喜欢的事，一旦开始，无论什么时候都不晚。最可怕的是，你只顾在心里懊悔、叹惋，一味地将"来不及"挂在嘴边，却永远不去行动，竟不知生命就在无尽的拖延和等待中被闲置，竟不知有些事情拖着拖着，便成诀别。

摩西奶奶的百岁感言令人感动："今年，我100岁了，我的生命就快要到终点了。回首往事，在我80岁之前，我一直是一个农妇，过着再普通再平凡不过的日子。在我80岁之后，因为一个偶然的机会，我的绘画事业达到我人生的高峰，接下来我便成了美国家喻户晓的大器晚成的原始风俗画家。人生还真是妙不可言。"

人们总是对未来充满着担忧，习惯了按兵不动地等待着明天的到来。殊不知改变永远得趁现在。如果现在的你孤独无助，迷茫而又痛苦，原因不在于你以前做错了什么，而在于你什么都没有做。从另一个角度来说，如果现在的你继续将那份喜欢与冲动压抑在心中，什么都不去做，未来的你只会变得越发痛苦。

一天晚上，姚雪心里突然蹦出了一个念头："我要剪一个又酷又美的短发。"当下，她便冲去了理发店。一个小时后，姚雪顶着一头颇具"凌乱美"的短发走进家门。

家人们都愣了，母亲惊诧道："你这头发养了二十多年，怎么说剪就剪了？"姚雪摸了摸脑门，笑道："头发剪了还是会长长的啊，这份勇气却可能稍纵即逝。所以我想剪就去剪了，就是要考验考验自己的行动力。"

后来，姚雪花了一个月的工资从黄牛手里抢到一张心爱的乐队的演唱会门票。为了赶到演唱会现场，她坐了整整一夜的火车。看着周围的人疯狂呐喊的模样，姚雪不禁泪湿了眼眶。再后来，她不顾旁人的非议，突然辞去了工作，转行做起了潜水员。

如今，年近30岁的姚雪已是一名专业的潜水教练。她迷恋这浩瀚缥缈的海底世界，也满意于目前的生活。

减掉的长发还可以再长，错过了这场演唱会还有下一次，可是，你敢担保自己任何时候都能保持着这份勇气吗？有些愿望现在不去实现，就只能眼睁睁地看着它们在时光中渐渐变得晦暗发黄，直至消失不见。奋不顾身地去做想做的事情，绝对是这世上最棒的体验之一。

别的女孩喜欢的，不代表你也必须喜欢

人们总说，女人是感性动物。她们既迷信于"感觉"，又容易受到身边各种人、事、物的迷惑，从而忘了真正想要的是什么。所以，很多女孩一窝蜂地去追星或者迷恋奢侈品，不是因为她们有多喜欢，而是受了身边人的影响。

还有一类女孩习惯于掩饰内心真实的想法，唯恐因自己的"另类"而遭受排挤。为了融入其他女孩的世界，她们装出兴致勃勃的样子，听着并不感冒的音乐，谈着并不感兴趣的明星绯闻。连在选择人生道路的关键时刻，她们也极力向大众靠拢。

然而，一位青年女作家却掷地有声道："别人都在做的事，不代表你也要做。别人追求的虚妄，也不一定就是你的极乐。"在别人身后亦步亦趋、随波逐流是最愚蠢的事情。你要去走属于自己的道路，做真正喜欢的事情，活出你独一无二的风采。

也许，你心里也常常有声音跳出来，在耳边呐喊道："这不是我真正喜欢的生活，这不是我想要的人生！"你之所以常常陷入迷茫，是因为你总是强迫自己去复制别人的爱好，去过大众眼中安全稳定的生活，却忘了真实的自己是什么模样。

要知道，一个人只有去做真正热爱的事情，才能从中找到生命的意义。而一旦一个女人彻底明白并坚定地维护起所谓的"心之所向"，她定能迎来"开挂"的人生。

从很小的时候起，杰奎琳就渴望着度过传奇、荣耀的一生。然而，身边的其他女孩却都有着一个共同的梦想——做一名快乐的家庭主妇。杰奎琳对此却无感。18岁中学毕业那一年，杰奎琳在人生理想那一栏写下"不做家庭主妇"。

读大学的时候，身边的女孩都很适应这种严谨的大学生活。杰奎琳却很讨厌这沉闷的气氛，她跑到巴黎游玩、读书。回到学校后，杰奎琳被学校以违反校规的理由开除。她反而松了一口气，按照自己的心愿选择了华盛顿的一所大学。顺利考上这所大学后，她埋头苦学，最终拿到了法国文学学士学位。之后她进入报社工作，当起了街头摄影记者。

认识了肯尼迪家族的公子哥约翰·肯尼迪后，杰奎琳陷入了甜蜜的恋爱。身边人劝她说，肯尼迪政治背景复杂，且生性风流，跟他在一起，无法享受安稳平淡的婚姻生活。

　　杰奎琳却不顾大家的反对，毅然嫁给了他。1960年，肯尼迪当选美国总统，杰奎琳如愿成为第一夫人。谁知3年后，肯尼迪遇害，杰奎琳只得避走法国。

　　40岁之时，杰奎琳回国后进入报社当起了编辑。身边的人劝她再找个有钱男人嫁了，她却只顾勤勤恳恳地工作，顺利地从小编辑做到了高级编辑，此后终身未嫁。

　　杰奎琳活得恣意任性，向来是喜欢什么样的生活就去努力争取，想做什么就去做。当别的女孩一心追求安稳的时候，她却梦想着度过不凡、传奇的一生。

　　当身边的人劝说她利用自己的身份，并通过嫁人的手段去追求金钱和地位的时候，她却努力经营起手中的工作，无比享受、珍惜这宁静而又充实的日子。

　　她是最聪慧的女人，在人生的不同阶段，她都知道内心渴望的是什么。她从不掩饰自己的野心，想要什么就动用所有的才华、资源去争取，喜欢什么就毫不犹豫地去靠近。

　　然而，很多普通女孩内心是迷茫、焦躁不安的。她们其实不太清楚自己真正喜欢的是什么。求学的时候，见其他女孩都选择了热门专业，便懵懵懂懂地跟在别人身后，费力挤入一个陌生的，可能永远也无法胜任、永远也喜欢不起来的领域。

　　求职的时候，她们见别的女孩纷纷选择时间自由、压力较小的文职一类的工作，便盲目地跟在她们身后，做出了同样的选择。然而，她们却忽略了最重要的一点：别的女孩有退路，自己却没有。盲目去走不适合自己的道路，等于亲手毁掉未来的保障。

从穿着打扮到人生理想，她们都在复制着别人的选择，还误以为这是自己喜欢的人生。这是多么悲哀的想法。她们不愿意面对自己，更抗拒将真实的自己暴露在大众眼中。她们在意别人的指指点点，更害怕自己会为心中真正喜欢的事情付出代价。

可是，只要你全力以赴地拼一次，就会发现一切没有你想象的那么可怕。如果你盼望过张牙舞爪、充满挑战的人生，就去亲手改写自己的命运，努力让自己成为人生赢家；而不必低眉顺眼地生活，成全他人对女性温柔恭顺、贤妻良母式的幻想。

一味地跟在别的女孩身后，将她们的喜欢强安在自己头上，这样的生活还有什么趣味？只有明确态度，守住立场，坚持真正热爱的事情，才能活得生趣盎然。

做喜欢的事，并不意味着必须要辞职

很多人都梦想着要将喜欢的事变成一生的事业，所以类似的想法层出不穷："真的很想放弃眼前这份磨人的工作。""如果能毫无顾忌地辞职去做喜欢的事情就好了。"……

也有一部分人真的付出了行动。他们本能地认为自己天生是个厉害角色，还没考虑清楚便仓促辞职，迫不及待地向过去挥手告别。结果没过多久热情便被消耗殆尽，长久的沮丧失意后，他们不得不揣着简历再一次踏上了谋生的旅途。

很多女性在职场中一有不顺心之处，脑海中便蹦出辞职的想法。在她们看来，家庭是自己永恒的后盾。有了亲人的呵护，伴侣的关爱，辞职并不算什么。可是真的离职之后她们才发现，家庭生活中的沟沟坎坎难以逾越，人际关系缠绕复杂，并不比工作来得简单。

你逼仄的境遇并不会因为辞职而豁然开朗，往往辞职前心心念念的喜好，等真的投身其中时，才发现原来你没有想象中那么热爱它们。

记住，任何时候都可以做想做的事，并不一定需要辞职。有时候，为了验证你的热情是否持久，就看你能否在繁忙的工作之余，还能将这份热爱坚持到底。

沈瑜常听合租室友王琪向她抱怨说公司里人际关系复杂，流言蜚语遍地，想要辞职。王琪总是一脸向往地说："大学的时候我就很喜欢摄影，喜欢老式单反相机，真想辞职做个自由摄影师，四处走走停停，拍好看的风景和美丽的人。"

沈瑜每每听了都会忍不住提醒她："专业摄影师的技术都不是盖的，你每次拿手机拍东西都不利索，还是先修炼技术吧。"

有一天下班后，王琪兴致勃勃地向沈瑜炫耀起了手中的单反相机："花了我三个月工资，怎么样，不错吧？"沈瑜点点头："行，大摄影师，你先好好练技术。"

后来，王琪被调到分部公司，去了另外一个城市，她们之间的联系渐渐少了起来。那一年圣诞节的时候，沈瑜收到王琪寄给她的一本摄影杂志。她翻开第一页，映入眼帘的是一副色调冷峻、构图精妙的山峦图。这幅作品的署名是王琪。

电话里王琪兴奋地诉说着这几年的经历，她每天都会抽出时间来看名家的作品，读摄影方面的专业书籍。每次出门的时候，她手中必然拿着她的单反相机。

沈瑜有点惊讶："你辞职啦？"王琪爽朗地笑了起来："没有，还升职了呢。不过我最近正在考虑要不要辞职，一本地理杂志的主编邀请我去他们单位当正式的摄影师。"

我们身边选择自主创业和自由职业的人越来越多，其中，很多人胸有成竹、目标坚定，他们有着清晰的规划，有着铿锵的步伐，无比享受着奋斗的历程。另一些人选择贸然辞职却只是不想安分守己地从事一份枯燥的工作，或者是单纯地不喜欢职场上那种严肃的气氛而已。

对于大多数年轻人来说，手头的工作与自己的兴趣总是毫无关联的。为了一份支付房租的薪水，为了能够在打拼的城市里扎下脚跟，他们不得不硬着头皮做下去。所以每每听到身边人放弃工作、走出体制、追逐梦想的故事，他们都会激动不已。

尤其对于年轻的女孩来说，能够将兴趣爱好变成事业，简直是梦寐以求的事情。为了逃避目前沉闷乏味的生活，她们脑海里充满了绚丽的幻想，于是总会将希望寄托在米兰·昆德拉口中的"别处"。然而，当她们将幻想变成现实的时候，生活总会给她们迎头一击。

事业一度如日中天的于小戈辞去《时尚芭莎》执行主编的职务，开始了互联网创业的道路。年糕妈妈李丹阳怀孕生子后便辞职做起了家庭主妇，她利用空闲时间亲手打造"育儿公众号"，并将它经营成母婴类产品特卖平台，短时间内吸粉数百万。

蜜芽创始人刘楠也有着类似的经历，从辣妈摇身一变成为创业公司老板。读到她们的故事，很多人不由得激情澎湃。可是大多数人都搞错了一个重点：这些女性的成功并不维系在辞职上。她们之所以有辞职的勇气，并且能将喜欢的事情发展成事业，全在于之前的积累。

于小戈被称为《时尚芭莎》"拓荒者"，她从实习生做起，一路经历总监、创刊主编、执行主编的职位，最终成为公司新媒体总经理。她花了整整9年的时间才抵达时尚圈的核心。

李丹阳是毕业于浙江大学的医学硕士，当初她一边做全职妈妈，一边经营着公众号，经常熬夜研究各种育儿知识。在拥有自己的事业前，她曾遇到数不清的困难。

刘楠就更不用说了，她毕业于北京大学，曾是美国陶氏化学公司的精英，一直贴着"学霸＋才女"的标签。试问，你眼中的那些痛痛快快辞职，轻轻松松做着喜欢的事，然后一不小心就走上人生巅峰的人，哪一个不曾经历艰辛的过去？又有哪一个能随随便便成功？

试问，你所谓的喜欢，是发自真心的吗？你喜欢写作，那么你是否尝试着笔耕不辍地去创作？你喜欢摄影，你了解关于摄影的各类专业知识吗？如果你什么都没有做，或者总是想着辞职过后再去做，那么你一定只是将那些喜欢的事情当作逃避现实的借口。

其实不用辞职，你也可以靠近自己的梦想。当然，如此一来，你必会经历一段辛苦的旅程。然而只有经历了前期充分的积累、沉淀，才能迎来后期的脱颖而出。一边努力工作，一边向着喜欢的方向努力，你迟早会迎来能让自己大放异彩的舞台。

你真正想做的事，只要开始了就不会晚

20岁时，你想要开始学习跳舞。身边总有人阴阳怪气道："学舞蹈都是童子功，你现在才开始学早就来不及了。"你灰心丧气，只好默不作声地放弃了这个决定。

30岁时，你想转去心仪的行业重新开始。又有人在你耳边聒噪不停："你看你都熬成黄脸婆了，你这个大龄新人还要跟刚毕业的小姑娘竞争吗？"你将一肚子的话强咽了下去，刚迈出的脚又默默缩了回去。因为一句话，你放弃了梦想，纵使已经筹划、积累了好多年。

然而，人生永远没有太晚的开始。或者说，真正想做的事情，只要勇敢开始，什么时候都不晚。想要拥有健康的身体，就从今天开始坚持运动；想要说一口流利的英文，就从背单词开始步步进阶，有条不紊地去学习。纵使前方路途泥泞难行，也要风雨兼程，勇往直前。

2012年，德国老太太约翰娜·奎阿斯刚满91岁，她被吉尼斯世界纪录评为世界上年龄最大的体操运动员。这个消息令全世界的年轻人备受鼓舞。

5年后，德国举办了一场体操比赛，奎阿斯是最受人注目的参赛选手。只见她目光沉稳，动作利落地翻上双杠，一口气表演了一整套流利、漂亮的动作。现场的观众热烈地为她鼓起掌来。奎阿斯说，为了参加这个比赛，她一直在练习快速翻转、跳跃，并坚持不懈地锻炼着平衡力。

有记者问她何时才开始练习体操，奎阿斯笑道："我是在30岁时才开始练习体操的。"一开始，她必须要承受来自方方面面的压力，但这并没有阻挡住她的脚步。这50多年来，败在她手下的年轻对手不计其数。如今的她，因长期锻炼，身体的平衡性、力量和灵活性仿若一个20岁的年轻人。

追逐梦想，从来谈不上早晚。放眼古今中外，年少成名的天才有很多，大器晚成之人亦是数不胜数。生命的每一个时期都不能被辜负，而对一个心存热血的人来说，任何时候的自己都是年轻的。那些将"迟了"挂在嘴边的人，反而是这世上最懦弱的人。

人这一生，十分短促。我们应该做的，是认真对待每一天，是努力让自己活得有尊严。既然时间和条件都有限，不妨想尽办法去做真正想做的事，不妨奋力追求心中的梦想，哪怕你已经白发苍苍。

有个叫王德顺的大爷44岁的时候开始学习英语，49岁他漂到北京研究起了哑剧，一年后他突发奇想健起身来。57岁的时候他创造了独树一帜的"活雕塑"。65岁时，他突然对骑马产生了兴趣。到70岁时，老爷子终于练成一身漂亮的肌肉，被大家称为"最帅大爷"。

2015年79岁的王德顺走上了T台，只见他目光炯炯，台风稳健，霸气十足。他用健美的形体、自信的态度征服了现场的所有人。他曾说过的一句话让人印象深刻："人的潜能是大可深挖的，当你要说太晚了的时候，你一定要谨慎，它可能是你退却的借口。"

无独有偶，英国也有位名叫多琳·皮奇的老太太在71岁高龄时通过了英国皇家舞蹈学院的六级考试，她是该学院历史上年纪最大的考生。原来她自小迷恋芭蕾舞，可惜小时候家境贫穷，父母无力负担她学习舞蹈的高昂费用。她只能将这个梦想深深埋藏在心底。

成年后，皮奇也曾想过重拾梦想，可惜身边无人支持。61岁那年，她飞去加拿大看望侄女。侄女是一名芭蕾舞教师。有一次，她跟随侄女一起参加了一堂舞蹈课。没想到埋藏在心底的热情一下子被点燃，皮奇彻底对芭蕾舞上了瘾。

从那以后，她每天都要在自家厨房里训练半个多小时，每周至少参加三次专业训练。自从学了芭蕾舞后，她整个人仿佛年轻了好几岁，终日精神奕奕，倍儿有活力。

与王德顺和皮奇形成鲜明对比的，是一位36岁的女收费员。某段时间政府取消了地方上的一些路桥收费站，这位下岗的女收费员愤愤不平道："我今年都36岁了，我的青春都交给收费站了，现在啥也不会，也没人喜欢我，我也学不了什么东西了。"

积极的人，纵然年逾八十，也是一颗绿意葱葱的常青藤；消极的人，哪怕正当青春年华，却是外表鲜活内里荒芜的朽木。你的态度决定你的人生。你若因畏惧失败而一再放弃真正想做的事情，到头来便只能迎来一段"竹篮打水一场空"的人生。

这印证了村上春树的那句话："只有对自己不放弃的人，才不会老。老去的只是年龄，不老的是气质。让人不老的特质是必须有一颗童心，注重仪表，经常旅行，学习到老。"

你虽然梦想着做喜欢的事，过更好的生活，却一再亲手扼杀梦想，一再纵容自己的懒惰。这样的你，无疑是矛盾的。记住，只要梦想还在，就该挺起胸膛上路。让自己认真地年轻，优雅地老去，时刻以激情饱满的态度面对前进路途中的风雨和挑战。

第四章

人生无法重来，

谋生亦谋爱才是女神

爱情要找不要等，等待不适用多数人

中国作家协会主席铁凝与老作家冰心，曾有过一次关于婚姻的经典对话。那是1991年5月的一天，铁凝冒雨去看冰心。"你有男朋友了吗？"冰心问铁凝。"还没找呢！"铁凝回答。"你不要找，你要等。"

后来，铁凝说："一个人在等，一个人也没有找，这就是我跟华生这些年的状态。我说对爱情要有耐心，当然期望值不必过高，但不要让希望消失。"可以想象，就在铁凝等待的那段岁月中，她遇到多少寂寞、多少孤独。

俗话说"缘是天定，分在人为"，当一份美好的姻缘摆在你面前时，你是会腼腆地等待对方开口，还是放下矜持，大胆地追求自己的幸福？

事实上，即便你足够优秀，而且颇具美貌，可是如果你总是一味地等待也是不行的。天上掉馅饼的事很少，白马王子也不会平白无故地主动上门，即便真的有那么一位真命天子存在，问题在于如果你不主动迈出一步，那么你与他永远都是无法相交的平行线。

所以，女孩儿们，不要再抱怨找不到好男人了，行动起来，要找，不要等。

在《三联生活周刊》对黄菡的一次访问中，记者曾经问过黄菡这样一句："冰心曾告诫铁凝，'你不要找，你要等。'铁凝听从告诫，50多岁时和经济学家华生结婚，您怎么看这句话？"

黄菡听后回答："对于铁凝这样一个对情感和生活有精致需求的女作家，在个人经验上也许这句话是对的，但我反对它作为普遍性择偶的态度。真要'找'，我也反对'可遇不可求'。在节目里我一再讲，石破天惊的爱情确实可遇不可求，但对大多数想要建立恋爱和婚姻关系的人来说，你接触的范围越大，你成功的可能性才越大。"

张小娴说，女人的追求其实只是用行动告诉男人，请你追求我！意思是拉开架势，垂下鱼线，愿者上钩而已。对于大部分没嫁的女性来说，之所以一直处于"高龄"还没嫁出去，很大的原因之一就是做了时间的守候人。

其实，爱情有时候就寄存在我们目前还不熟悉的那个陌生人那里，如果我们总是选择等待，总是选择守候，那么即便你等到地老天荒，你也等不到你的爱情降临。试问，你怎么知道对方也在寻找你，你又怎么就知道对方在找寻你的路途中不受到其他的诱惑呢？更何况，时间不等人，女性如花似玉的美貌在时间的夹缝中也就那么几年。对于一个女人来说，你根本就耗不起用这个时间去选择一场不知结果的等待。

电影《神话》相信不少人都看过，剧中的玉漱公主为了蒙毅，一直选择等待在那个停滞不前的时空中，可是当蒙毅真的转世而来时，玉漱却并没有跟他走。为什么呢？等了两千年，难道就不是为了这份爱吗？其实，玉漱公主心中明白，两千年文化的进步，两千年时间的间隔，已经将他们彼此拉开了"天上与地下"的差距，而且经过那么长时间的等待，最后等来的却是一个与自己想象中完全不符的蒙毅，所以这份爱情也终究只是一个神话。

有些爱情不是说等就能等到的。尽管有些人可能在漫长的等待中最后找到了自己的爱情，可是那也只是少数，而且在这份等待中所消耗的青春，所消耗的时间不是每个人都能付得起的，它的代价可能是一个女人最好的年华。

其实，幸福本来可以很简单，有时可能只是一句话的距离。当老天把难能可贵的一段缘分摆在你面前的时候，你如果还不想伸出手，只是在心中默默祷告，这样只会和缘分失之交臂，遗憾终生。当然，爱情也需要缘分，但是不可否认的是，即便你遇到了自己心爱的人，如果你不主动牢牢抓住好不容易的机会，那么对方又怎么知道你是谁呢？

　　总之，女性朋友们，爱情宜找不宜等，人生苦短，不要等错过后才知道惋惜，更不要因为是自己没有用心去争取而导致这种结果。当你一旦明确了"他"就是自己要找的那个人时，无论用什么方法，都要同自己的矜持做斗争，勇敢地迈出第一步。因为，前方很可能就是一条平坦宽阔的爱情大道。

如果可以，请不要低到尘埃里

张爱玲说："见了他，她变得很低很低，低到尘埃里，但她心里是欢喜的，从尘埃里开出花来。"张爱玲洞悉生命的悲凉，最该活得大彻大悟。可当她遇到爱情，这位民国第一才女却输得彻头彻尾，甚至失去了骄傲的资本。

年少时候的张爱玲倾慕于胡兰成的学识修养，不久便与其坠入情网。在滥情的胡兰成面前，张爱玲卸下一身盔甲，和普通女生表现无异。她曾送给胡兰成无数金钱，哪怕围绕在后者身边的"莺莺燕燕"从未间断。

有一次，胡兰成吩咐道："你去买一纸婚书来。"张爱玲听言照做。她在婚书上写上内心深处的宣言，将它视为正式的结婚证，心里充满了欢喜。

又有一次，张爱玲穿上胡兰成送给她的皮大衣，之后她无法自抑地在文章里大书特书，称自己穿上这件大衣后，只觉得"鼻尖凉凉，快乐得像一条小狗"。

然而张爱玲在付出后得到的却是无休止的背叛。当感情一再被辜负的时候，张爱玲决定要与胡兰成分手。然而，分手之前张爱玲还是寄给对方一大笔稿费，确保他生活无忧。

对很多人来说，爱情就是这么不讲道理，它让一个身影深深地盘踞在你的心里，给你带来无数隐秘的忧伤和欢喜。可你若将姿态摆得过低，这身影却会成为你生命里的阴影。

古龙先生说："谁先动心，谁就满盘皆输。"在爱情里将自己"和盘托出"的姑娘总是容易走上万劫不复的道路。伤痕累累的时候才明白，盲目的爱只会让人迷失心性，遗忘自我。

你为这份爱情放下骄傲，低下头颅；你扎根于灰尘泥土，默默积蓄着阳光雨露。你这么卑微只是为了将自己变得更好，一切只是为了让自己的怒放变成他眼里最美的风景。

然而，相爱原本是一件相互的事情。你越是卑微地爱一个人，越会失去自我的芬芳和魅力。你浓烈的爱落入对方眼里，却寡淡如鸡肋，嚼之无味弃之可惜。

互相的欣赏、双方的付出才构成相爱的支撑点。如果你爱的人一直在过分掠夺你的情感，或者从不回应你的情感，这就谈不上爱情，充其量不过是一场独角戏而已。

当张爱玲终于明白过来的时候，她在那封诀别信中一字一句地写下："我已经不喜欢你了，你是早已不喜欢我了。这次的决心，我是经过一年半的长时间考虑的，彼时唯以小吉故，不欲增加你的困难。你不要来寻我，即或写信来，我亦是不看了。"

通透如她，伤痕累累的时候才看清爱情的真相：越是让自己低入尘埃，越得不到爱情的青睐。感情开始的那一刻，你一定要及时地摆正姿态，透过对方的眼睛探查他的灵魂。不要做情感上的"乞讨者"，更不要为了这浓烈的爱亲手抹杀了自我。

沈倩倩去某家公司任职的时候，她对那个外貌酷似"柏原崇"的男同事一见钟情。对方高大的身影仿若是一不小心撞入她的眼里的，竟似雷鸣般惊心动魄，又如晚霞般绚丽美好。

性格内敛的她不知道该如何表达自己的感情，便日复一日地为他准备精美的早餐，帮助他处理各种琐碎的文件，或者在他与别的女生约会的时候帮助他处理工作上的难题。可面对倩倩的示好，他却始终保持着一副若即若离、不冷不淡的样子。

在倩倩不依不饶的倒追下，他们终于走在了一起。然而，有一天，倩倩却突然在男友的手机上看到了他对自己的吐槽。他在好哥们面前肆无忌惮地取笑着倩倩，并以"肥猪""丑八怪"来作为她的代称。面对倩倩的质问，男友恼羞成怒道："你像个黏皮糖一样，甩都甩不掉，如果不是看你家底丰厚，你以为我会跟你在一起吗？"

那一刻，倩倩彻底看清了自己丑陋的爱情。

爱得卑微的人，永远是情感的付出方，一旦付出的情感遭到回绝，便只剩下单方面的受伤，只因多情必自伤。

爱，是一个相互滋养的过程。而只有相互滋养的爱，才会成为持久的爱。将爱情视为生命全部的女人却看不清这真相。因为爱他，所以宁愿一个人等到天荒地老；因为爱他，所以无底线地原谅他的越轨与放纵；因为爱他，所以甘愿为他放弃自我……

面对感情，太骄傲也许会错过一个真心的人；将自己看得太低，也得不到真正的爱情。你爱得廉价，便只能遭受他人的看轻。作家素黑写道："相爱也自爱，独立的依赖。"爱一个人的前提是自爱，是始终保留自己的色彩和光芒，是始终重视自我的价值。

爱上好男人，而不是爱上浪漫的感觉

　　个性单纯的女性很容易沉迷于一种浪漫情调中，所以我们在生活中经常听到这样的故事：女孩架不住男孩的死缠烂打，百般柔情，最终将自己全身心地托付给对方。她们以为自己嫁给了爱情，然而"一地鸡毛"的生活却会令她们渐渐领略浪漫背后的真相。

　　不要将浪漫视为衡量一个男人是否靠谱的唯一标准。当浪漫成为一种惯用伎俩的时候，真心早已被谎言挤压得所剩无几。张恨水的《金粉世家》便写尽了这个道理。

　　民国初年，富家子弟金燕西偶遇年轻女子冷清秋，对她一见钟情。为了追求冷清秋，金燕西使尽各种浪漫手段。他以借办诗社的名义租住在冷家隔壁，借此对冷清秋嘘寒问暖，无微不至。得知冷家经济不宽裕，金燕西花了很多心思去挑选价值不菲的礼物送给冷清秋。

除此之外，他还经常请她去听戏，带她一起郊游踏青。冷清秋对这个出手不凡的公子哥渐渐生起了好感，以为找到了一生依靠。他们很快便走进了婚姻的殿堂。谁知婚后生活并不如清秋想象的那样美好。金燕西很快厌倦了她。他一边和前女友频频约会，重温旧情，一边迷恋上戏子白莲花姐妹。为了讨白氏姐妹欢心，金燕西不惜一掷千金，这让冷清秋心如死灰。

浪漫的感觉最是缥缈不定。对于某些男人来说，如果花点钱、费点心思、说些好话就能轻轻松松地赢得女人的爱意和信赖，何必辛辛苦苦、全心全意地去爱一个人呢？他们的浪漫是用来调剂感情生活、增强新鲜感的工具，也是他们摘取一颗颗芳心的手段。

有人说："浪漫的男人很难靠谱，靠谱的男人多半不浪漫。"这话虽然片面，却也有一定的道理。那些理智的姑娘向来明白，看一个男人是否真心，得从日常生活中的一点一滴去判断，而不是看他送了什么礼物给你，给你带来了怎样的浪漫感受。

岁月终会让你明白，大多数的浪漫"中看不中用"，那份冲动源于激情，所以短暂。浪漫只能给你带来一时的惊喜，却无法带来一世的安稳。迷恋浪漫的感觉，不如睁大双眼，耐心寻找一个真正与你灵魂相契合的好男人。

要知道内心的安定平和是任何东西都无法比拟的。两个人在一起，将生活打理得幸福温馨，比什么都重要。只要走在身边的是对的人，再平凡的日子也变得深刻隽永起来。

最真挚的爱情，应该用心去体会。很多涉世未深的女孩根本不知道她们爱上的男人究竟值不值得自己付出真心。如果你也正处于纠结之中，先看看他是否发自内心地尊重你。

好男人会将你对感情所做的一切默默记在心里。相反，如果你身边的那个人从不在意你的付出，甚至肆意挥霍你的付出，那只能表明他不够爱你。

另外，一个真正尊重你的人一定十分注重倾听你的心声。他行事之前会为你考虑，会主动跟你商量，而不会为了所谓的"男子气概"损伤你的自尊心。

一个爱你的好男人，也许笨口拙舌，不一定会说好听的情话，也许粗枝大叶，不一定会为你准备浪漫的礼物，但他一定会在你最困难的时候给你无私的帮助。他会用行动来呵护你，保护你，让你感受到冬日暖阳般清澈、美好的爱意。

一个爱你的好男人，心里装的都是家庭、爱人和孩子，他们将那份沉甸甸的责任感深藏于心，保护着它不被外界的灯红酒绿、纸醉金迷所污染。而他们唯一的梦想，是将细水长流的生活、安静从容的岁月定格成永远。

秦雨和轩志结婚多年来，从未收到过一朵鲜花，也从未正式地过一个情人节。对此，她常常抱怨。然而，在朋友们看来，他们依旧是最标准的模范夫妻。

轩志是某国企领导，事业上很是风光。然而回到家里，他却一改工作上犀利的作风，始终温言细语，脾气极好。他最喜欢做的事情是乐呵呵地陪妻子逛菜市场。

他说鲜花容易枯萎，还不如将钱省下来为她买件品质更好的大衣；情话虽然好听，却不如他亲自下厨为她炒两个爽口小菜。那一年秦雨生病住院，轩志将工作推到一边，衣不解带地照顾了她整整一个礼拜。看着丈夫憔悴的样子，秦雨感动不已，他却憨憨地笑了起来。

很多好男人虽然不懂浪漫，可你若仔细观察就会发现，他的细心和真心正体现于平日生活里的一举一动之中。一旦认定了你，他最期待的是和你长久地走下去。

昙花一现的浪漫反而会给你带来深切的痛苦，感情世界里，你一定要学会看清浪漫背后的谎言，及时放弃不靠谱的爱情。很多女孩重情重义，一旦付出感情，便不愿意轻易丢弃。然而，很多事情总是长痛不如短痛，你只有及时抽身而出才能保障未来的幸福。

那个已婚却对你信誓旦旦说娶你的男人，不靠谱

　　曾有过来人总结道："这个世界上有三样东西不能相信：男人的甜言蜜语、男人的感情、男人的理由。"而比这三样东西更不可信的，是已婚男人的承诺。

　　爱情都具有占有性和排他性。男人一旦背离原配，主动打破原先的承诺，只能表明他不再值得信任。你需要的，不是一个永远不可能实现的廉价承诺，而是一份干净完整的爱情。

　　经典文艺电影《赛末点》的男主角威尔顿是一名网球教练，通过网球他与富裕人家的大小姐克罗伊相识，并顺利结为夫妇。后来，威尔顿找到了婚姻的"调剂品"——来自美国的女演员诺拉，他们瞒着各自的伴侣发生了一段婚外情。

　　诺拉与威尔顿分分合合，并于分别多年后旧情复燃。每当她想

要彻底离开威尔顿的时候，就一定会在威尔顿的"柔情"面前败下阵来。再一次相遇之后，她有了威尔顿的孩子。后者给她编织了一个又一个甜蜜的承诺。然而，她无法想象的是，自己最终等来的，是对方残酷的背叛。

内心虚伪的男人通常会为自己的出轨找出一万个理由：妻子不体贴不温柔，斤斤计较，小肚鸡肠；自己委曲求全，隐忍大度，在婚姻生活中扮演着受害者的角色……

一些单纯的女孩可能会因此"上套"，对面前温柔倾诉的男人产生怜惜之情。殊不知，乱施同情心的你，正走在了道德的边缘，一不小心就会掉入陷阱。

对于那些不怀好意的已婚男人来说，"乱撒网"是为了捕大鱼。他们享受着与年轻小姑娘的暧昧情事，却从一开始就抱着不拒绝不负责的打算。对于他们来说，这不过是一杯滋味甚好的下午茶而已。至于那些承诺，不过是张嘴就来的谎言。

另一些女孩自诩为"大叔控"，她们打着真爱的旗帜沦陷在婚外恋情中，明知对方已有家室却无法约束自己的行为，哪怕面对原配的质问依旧振振有词。这样的女孩，一方面是受到了名利地位的诱惑，一方面是被所谓的真爱蒙蔽了双眼。

然而，已婚男人的誓言无论多动听，多真挚，都不值得信任。他既然能够置原配妻子于不顾，同样也可以轻易地将你抛诸脑后。你梦想着对方能够离婚给你一个名分，却忘了沾染污点的感情注定得不到大家的认可和祝福。何况这承诺能不能够实现还得另说。

你指望通过破坏别人的婚姻来改变自己糟糕的现状，这是赤裸裸的交易，又哪里谈得上感情？当你放弃尊严和底线的时候，只会失去更多东西。

已婚男人的承诺完全可以和谎言画上等号，你的信任既伤害了别人也耽误了自己。何必为了这虚假的、转瞬即逝的所谓爱情承担社会的非议和骂名？

刘冰是一家广告公司的职员，她的直属上司是一位风趣幽默的中年男人。上司对她很是器重，经常亲自教她一些工作技能和职场经验。

渐渐地，刘冰对上司有了好感。也许是看出了她的爱意，情人节的时候，上司特意在一家西餐厅里订好了两个席位，并约刘冰共进晚餐。她犹豫了整整一天，还是如期赴约。对于刘冰来说，那是十分愉快的三个小时。然而，就在刘冰准备答应上司追求的时候，她却偶然得知，他早已有属于自己的家庭。他的妻儿都在另一座城市。

刘冰拿此事质问上司，对方却急切地表示，这是场错误的婚姻，他一定会尽快和妻子离婚再娶刘冰。听到这个承诺，刘冰只觉得可笑。她第一时间辞去了工作，删除了这个男人所有的联系方式。

如果所有的女孩在面对已婚男人的承诺时，都能做到如刘冰一般拒绝得干脆利落，这世上会少很多不道德的爱情。女人期待的承诺，实质上是一种自我麻醉。她们没想到的是，一旦自己能够取代别人，就难以避免自己被别人所取代的结局。

面对已婚男士，一定要敬而远之。曾有人将已婚男士最常说的几句谎言总结如下：

"我还是单身汉。"也许，他看上去确实年轻，为人又很风趣潇洒。但当他说自己仍旧处于单身状态的时候，你一定要多留个心眼，核实清楚了再做打算。很多女孩就曾因一时疏忽而不得不遭遇"被小三"的经历，最后损失惨重。

"我的婚姻生活很不幸福，不得已才与原配在一起。"很多男人习惯性地向异性倾诉自己"痛苦"的婚姻生活。他们将所有的不如意都归结在妻子身上，却将自己描述得像"圣人"一般。面对如此无情无义无责任感的男人，你一定要自动与其划清界限。

"你是这个世界上最单纯最善良最了解我的女孩。"当你接受他的赞美，并将他视为知己的时候，便走入了他的圈套。殊不知他已将这话对不同的女孩说了无数遍。

"给我一点时间，我一定会离婚娶你。"为了骗取你的信任，他最常对你说的谎言一定是这一句。然而，你真的相信一个能够轻易背叛原配妻子的男人会爱你一辈子吗？类似于从一而终、永不变心这样的话听听就算了，擦亮双眼，及时远离才是真理。

一个男人必须对他的妻子和家庭负责，如果他同时对另一个女人做出了承诺，就算他说得天花乱坠，他允诺的海誓山盟在他说出口的那一刻都会变成流沙随风而逝。不要相信已婚男人的誓言，洁身自好的你，永远值得一份更好的感情。

就算你喜欢他喜欢得快要死掉了，也不要无休止地围着他转

　　爱情有着神奇的魔力，但当它开始支配你的一举一动的时候，你就要分外小心，只因飞蛾扑火式的爱情注定会迎来粉身碎骨的结局。

　　聪明的女人善于经营爱情，她们知道，就算再怎么喜欢身边的这个男人，也不能无休止地围着他打转。爱情好比手中的沙子，握得越紧，流逝得越快；给予双方一定的空间，爱情反而能长久地保鲜。

　　何浩当初追余芳的时候可是下了一番功夫，等到两人终于确立关系后，余芳因为工作繁忙，很少有时间陪伴何浩。几乎每次约会，余芳都会迟到。她每每感到歉意，何浩却很大度，表示自己最喜欢看余芳独立自主、忙来忙去的样子。

　　结婚不久后，余芳辞去了工作，突然闲了下来。为了弥补过往的时光，余芳将所有的时间都花在了丈夫身上。每天，她都会花很多心

思为何浩准备一日三餐，变着花样地取悦他。

这样的日子过得久了，余芳仿佛越来越离不开何浩。但凡出门，她一定要和何浩在一起。同时，她无微不至地照顾着丈夫的生活，对他的一切提议都言听计从。余芳原本以为自己全心全意的付出换来的会是矢志不渝的相伴，谁知道有一天何浩突然向她提出了离婚，他说自己爱的永远是当初那个独立坚强的女人，而不是如今的她。

当余芳从当年那个风风火火地忙着事业、傲娇自我的"女神"变成如今只顾围着灶台和丈夫打转的小女人的时候，二人原本甜蜜浓烈的爱情就步步走向了枯萎。

热播一时的电视剧《欢乐颂》向我们展示了五个女人面对爱情的不同态度，我们佩服冷静矜持的安迪，羡慕洒脱不羁的曲筱绡，却看不起爱情里总是"剃头担子一头热"的邱莹莹。然而，现实是，大部分普通女孩都很容易走上邱莹莹的这条路。

遇上爱情的邱莹莹整颗心都挂在男友身上，为了感情她荒废了工作，疏远了朋友，甚至迷失了本性，变成彻头彻尾的"丧女"。这种飞蛾扑火式的、不计生死的爱情实在是生命里的沟坎和毒药。只有越过它，你才能真正地成长。

我们身边也不乏这样的姑娘：将爱情当作生命中最重要的事情，一旦爱上了，世界上仿佛只剩下两个人；一旦失恋了，亲人、朋友都成了出气筒。爱情本来是美好的事情，可到了她们这，爱情仿佛只剩下围着他"公转加自转"。

　　爱情只是生活的一部分，在某些自立自强的女性看来，它甚至都不如一份工作重要。如果你只顾围着身边这个男人打转，将他视为自己的整个天地，你得到的只能是悲伤和失望。

　　舒婷在诗中写道："我如果爱你，决不像攀缘的凌霄花，借你的高枝炫耀自己；我如果爱你，绝不学痴情的鸟儿，为绿荫重复单调的歌曲；也不止像泉源，常年送来清凉的慰藉；也不止像险峰，增加你的高度，衬托你的威仪。"

　　她说："我必须是你近旁的一株木棉，作为树的形象和你站在一起。"这首《致橡树》描绘的是爱情最理想的模样。记住，对自己好一点，不要让自己做一些掉价的事，说一些掉价的话。不要总觉得离开爱情就活不下去。

　　佛陀在《无量寿经》中说过："人在世间，爱欲之中，独生独死，独去独来。"每个人都是独立的个体，爱情说到底也只是一种生活经历罢了。如果你将爱情视为生活的全部，那一旦失去爱情，你的生活就会变成炼狱。

　　若将幸福分割成无数份，寄托在美好的事情上，比如说经营事业、提升自我、发展爱好、经营人际关系等，纵然有一天你真的失去了爱情，也不至于一下子落入谷底。当你心怀底气之时，也有勇气开始下一段感情。

　　感情里，你要懂得给予对方一定的空间。将女人的爱比喻成糖果，适时地给一些，对方会觉得甜蜜；如果你给得过多、过勤，只会让他觉得腻烦，甚至产生厌恶心理。正确的做法是，给自己也给对方留出空间，让感情拥有回味的余地。

每天对自己关注多一点，你才能活出想要的样子。当你以他人女友或者妻子的身份作为生活唯一支点的时候，一旦支点产生偏移，所有你曾依赖的一切都会轰然倒塌。

实际上，除了男人、孩子和灶台外，需要你操心的事情还有很多。你要关注自己的外表，让自己时刻都保持完美的状态，不为取悦别人只为愉悦自己。

你要保持独立的精神空间和经济状态，宁愿与志同道合的朋友一起去拼搏奋斗，也不要将所有的时间都耗费在男人身上。反之，你越是依赖他，越会引起他的反感。一旦你将眼界放宽，就会发现，人生原来可以丰富精彩至如此的地步。

失去一段爱情，只要好好生活，下一段爱情就会变得更完美。可是，一旦失去了生存的能力，你渴望的爱情只会化为水中永恒的倒影。

去爱吧，就像从未受过伤害那样

　　不是所有人都有过这样的幸运：付出永远不会被辜负，只爱一次就遇上了那个对的人。在爱情里沉沦挣扎，伤痕累累之后，他们只能一次又一次地宣誓："再也不会相信爱情。"

　　那些口口声声说不再相信爱情的人，都曾在爱情里作茧自缚，他们将那份悸动永久地埋葬，从此成为一个郁郁寡欢的人，过着苦大仇深的生活。

　　可是，即便满身伤痕，也要勇敢去爱。只有爱情才能融化你眼里的坚冰，只有爱情才能让温暖的笑容重新绽放在你的脸上。

　　当年流行一时的韩剧《我叫金三顺》中有一首诗深深打动了我们："去爱吧，就像不曾受过伤一样；跳舞吧，像没有人会欣赏一样；唱歌吧，像没有人会聆听一样；干活吧，像是不需要金钱一样；生活吧，就像今天是末日一样。"

在这个世界上，终究是关心你、爱护你的人多，伤害过你的人少。哪怕你曾被爱情辜负，也请放过那些回忆，放过你自己。爱情里越挫越勇的人才能获得想要的幸福。

三顺是个开朗乐观的糕点师傅，同时她也是个身材肥胖、相貌平凡、大龄未婚的普通姑娘。当她梦想着和男友迈入婚姻殿堂，一起携手到老的时候，现实却打碎了她的幻想。

男友移情别恋另觅新欢，祸不单行的是，她还失去了工作。生活的巨浪将三顺折腾得灰头土脸，短暂的消沉后，三顺又元气满满地找起了工作。

当她遇到男主振轩时，新的爱情降临了。尽管对方出身富裕，相貌英俊，年轻有为，在任何人眼里，他们都是毫不匹配的一对，然而三顺却始终自信，从未退缩过。一旦明白了振轩对自己的心意，三顺又轰轰烈烈地投入爱情之中。

三顺虽然貌不出众，却是一个很有魅力的女孩。最吸引人的一点是，她敢爱敢恨，对完美的爱情、美丽的生活始终抱有炽热的幻想和追求。很多人喜欢她，正是喜欢她对爱情的执念，对事业的热衷，以及面对失败和痛苦时那种开朗的心态。

对于那些生性勇敢的姑娘而言，哪怕她们曾受伤至深，也会相信这世上始终存有真爱，而过往那些痛苦的经历与未来的幸福相比根本微不足道。当她们见识到爱情丑陋的一面后，反而更会对爱情的美好愈发珍惜。

然而，生活中有太多姑娘因为曾受过伤就主动封锁自己，像远离"霍乱"般远离爱情；因为曾受过伤就任性地折磨自己，从此变得冷酷强硬、刻薄偏激。

可是，当你在内心深处砌起高墙的时候，同时也将生命中的阳光、一切光明与希望远远隔离开来。当你失去了爱的能力，当你遗忘了那种全身心去爱上一个人的感觉，你只会变得迟钝、麻木，再美好的事物落在你的眼里，你也只会觉得不过尔尔。

某档热门相亲类节目中，曾迎来一个条件十分优越的男嘉宾。只见他身形高大，谈吐不俗，让主持人连带着现场观众都眼前一亮。奇怪的是，一轮下来，场上只有四位姑娘为他亮起了灯。主持人奇怪起来："男嘉宾条件这么好，大家都是怎么了？"

到了最后一个环节，场上只有一位姑娘为他亮着灯。而男嘉宾见心仪的姑娘没有给他留灯，很是失望。但在主持人的询问下，他还是选择了坚持，尝试通过表白带走心仪的姑娘。

让男嘉宾一见钟情的那位姑娘外形娇小，性格文静。她犹豫良久，还是拒绝了男嘉宾的邀请。她解释说，她并不相信男嘉宾会喜欢自己，亦害怕两人真的认识后男嘉宾会后悔之前的选择。台上台下的人都为姑娘着急起来，然而，一番纠结后，她还是做出拒绝的决定。

男嘉宾黯然神伤，他突然看到场上还有一个姑娘为自己亮着灯。随即，他做了一个让人吃惊的决定：放弃心仪的姑娘，带走为他亮灯的姑娘。音乐响起，全场掌声雷动。

我们不知道那位姑娘为什么会拒绝男嘉宾的示好，也许她曾在爱情里受过伤，这份伤害严重损伤了她的自信。男嘉宾优越的条件让她退而却步，宁愿站在岸边观望，也不愿意成为爱情故事里的女主角。也许，当时场上大部分女性都怀着这样的心理。

而那位坚持将灯留到最后的姑娘，我们无法断定，她一定能够与男嘉宾走到最后。但起码，她为自己争取过机会，她并未放弃对爱情的美好憧憬。

只有永远保持爱的能力，才能在一段糟糕的感情里浴火重生，迎来新的感情。只有给过自己勇敢去爱的机会，才能尽情享受被爱的幸福。

从另一方面来说，爱的激情来源于恋爱双方的化学反应，多巴胺、内啡肽是爱情持续的原因。而这些化学物质消失的那一天，爱情也会随风而逝。

爱情的变幻无常让我们更珍惜此刻的厮守，这也是爱情的魔力之一。对爱情如此，对生活、对事业亦是。不要被动等待爱情，放宽心态主动去爱吧。不要刻意远离爱情，从某种意义上来说，伤害也是成长路途中的必经之地。

既然是一辈子的"合作"，不妨放下个性、成就彼此

曾有一对金婚夫妇在总结婚姻经验的时候坦言说："最幸福的婚姻，莫过于彼此成就。"一对情侣之所以走到一起，起初是因为彼此个性的吸引。等到他们迈入婚姻殿堂后才知道，婚姻保鲜的秘诀是放下个性，让自己毫无保留地融入家庭生活中去。

婚姻里，相互包容共同成长才是生存之道。你有你的脾气，他有他的个性，如果你们"针尖对麦芒"，一味索取不懂付出，相互计较不晓得让步，到最后才发现两个人都是输家。

声色犬马的演艺圈里，陈道明和杜宪之间这段和谐美满的婚姻令人由衷羡慕。陈道明是有口皆碑的好演员，向来清高低调，个性鲜明。杜宪出身书香世家，外表清丽温柔，骨子里却执拗刚强。

谈恋爱的时候，陈道明和杜宪也曾闹过矛盾。吵得最凶的那一次两人都不肯认输，纵使见了面他们也双双阴沉着脸不说话，连对方

送的礼物都退了回去。

真正步入婚姻后，两人却从未红过脸。整整35年里，两人相伴相知，越发默契。回想过往岁月，杜宪笑道："那几年，我们把一生的架都吵完了，所以婚后才特别和谐。"

杜宪将小家庭打理得温馨明媚，有了她做坚强的后盾，陈道明无所顾忌地打拼起了事业。他的演技越来越扎实，在圈中的口碑也越来越好，慢慢成长为中国最优秀的男演员之一。

而杜宪一边照顾家庭，一边主持新闻节目，纵使生活忙碌无比，有了丈夫的支持和帮助，她也硬生生地扛了下来。1992年，她做出回归家庭的决定，为了爱人和女儿洗手做羹汤。

如今，称陈道明和杜宪为灵魂伴侣也不为过。夫妻俩最享受的事情是同坐窗下，静享时光。她绣着花草，他裁着皮包，两人偶尔抬头，相视一笑。

陈道明说："好的婚姻一定是共修的。"此生结缘，最大的目的是为了成就彼此，成就一段美好甜蜜的时光。既然婚姻是一辈子的合作，不妨合作到底。而提升生命层次的最好方法，无异于在柴米油盐酱醋茶中修行，在烦琐的日子里磨炼心性。

很多女孩在谈恋爱的时候被宠成"小公主"，要求男友对自己的话言听计从。对方稍有疏忽便觉得委屈，非得他千哄万哄才回转心意。她们将这种作风带入了婚姻里，心里稍有不如意便"作天作地"，变得越发尖锐刻薄。

然而，现实不是童话故事。当沉重的生活压力倒向小家庭的时候，如果你一味依赖着伴侣去支撑，自己却在一旁对他挑三拣四，"口头指挥"，这份压力迟早会将你们压垮。

没有谁能够做永远的小公主，毕竟生活中大部分都是普通人。只有互相珍视，互相关爱，彼此理解与包容，家庭的根基才稳固。你们才有余力去规划自己，经营事业。

钱钟书出生于遵从封建传统的"旧式家庭"，杨绛却生于"新式家庭"，并在自由开放的氛围中长大。不同的家庭环境造就了他们不同的个性。然而，两人的婚姻却被誉为楷模。究其原因，正在于他们彼此懂得，彼此依靠。

钱钟书个性孤傲，脾气不太好，但是他却称杨绛为"最贤的妻，最才的女"，看到她便眉开眼笑。直到钱钟书七十多岁时，他还会给杨绛写情书。

杨绛是"新式家庭"中长大的孩子，对某些封建传统很是看不惯。当初两人结婚时，钱钟书家按照旧时传统提亲、定亲，她内心觉得乏味，表面上却云淡风轻，一一配合。婚后，杨绛一直按照钱家习惯做事，向来无一句怨言。

杨绛尽力给钱钟书提供最舒适的创作环境，一直无条件地支持他写书、做学问。钱钟书也努力让自己成为最理解杨绛的人。女儿出生后，他们从不会为照顾孩子的事情互相推脱，反而想方设法地为对方减轻负担。

　　钱钟书与杨绛相携相伴60余年。这半生来，他们从未有过一次争吵。去世前，钱钟书拉着杨绛的手，道："好好活。"这三个字，始终回荡在杨绛往后的18年岁月间。

　　最好的婚姻，是彼此成就，努力让自己成为对方眼里最美的模样；最好的婚姻，是历尽千帆、看尽世事之后，彼此间仍旧保持着那份相知相许；最好的婚姻，是爱你支持你一如既往。

第五章
不将就不盲从，
你值得拥有高配版的人生

大胆尝试，才能给自己准确地定位

无论是在生活中，还是在职场里，女性都必须勇敢地走出舒适圈，不断探索未知的领域，才能最大程度地发挥出自我的价值。只有那些涉世未深的小女孩才会期待"白马王子""霸道总裁"的到来，整日做着别人救她脱离苦海的白日梦。

正如台湾名嘴吴淡如所言："在许多的犹豫中，你做对了一件事情，那就是勇敢地上路，不要徘徊在许多假设性的框框里。那是一个人生的大关卡，你做了一个正确的选择，那就是：尝试、再尝试、不害怕所有的新鲜事。"

1995年，董卿的父亲无意中在《人民日报》上看到一则东方电视台的招聘广告，他眼前一亮，立马写信将此事告知了女儿。

董卿接到父亲的信后，心情很复杂。年轻的她在浙江电视台拥有属于自己的节目，一直都很顺利，这时候若转战上海，焉知不会失败？而失败的后果她不敢想象。

在父亲的督促下，董卿犹豫良久，还是备齐了应聘材料。当她硬着头皮挑战自我的时候，路反而越走越顺利。她被顺利录取，一举成为东方电视台的主持人。那一刻，董卿恍然大悟道："原来我最向往的，或者说最适合的，是更大的舞台。"

2002年，央视西部频道成立，《魅力12》节目组向董卿发出邀请。董卿内心既喜悦又不安，那时候她几乎见人就问："你说我能去吗？这事靠谱吗？去了怎么办？"

关键时刻，她脑海中突然浮现出1995年的往事，内心突然响起一个坚定的声音："去，不管未来怎样！"于是，她只身漂到北京，再一次开启了奋斗的历程。

在多年的主持生涯中，董卿曾有过诸多尝试。从浙江电视台转战东方电视台，再到中央电视台，她先后主持过旅游节目、文艺访谈、文艺晚会等各种类型的节目，多年的探索、磨砺使她最终找准了定位，形成大气从容的主持风格。

功成名就之后，董卿面带微笑，侃侃而谈："人的一生总应该有所追求，不管是谁，不管在什么年龄。"她知道命运永远掌握在自己手中，只有大胆尝试，才能找准人生定位。而人的潜能其实远远超过自己的想象，你不去挖掘就永远也看不到更好的自己。

很多女孩生性脆弱，一旦遇到难题就畏缩不前。她们习惯了过舒适的生活，宁愿待在逼仄的井底书写她所谓"岁月静好，平凡可贵"的人生。

然而，社会规则向来是残酷的，它并不会因为你柔弱女性的身份就对你网开一面。如果你不敢走出舒适圈，迟早会在岁月的摧残中失去自己的颜色和芬芳，变得无所依靠。

有的女孩满足于现有的成就，面对未知总抱着抵触的心理。她们害怕一旦做错了选择，就会失去已经拥有的一切。殊不知思维决定格局，一味给人生设限反而会害了你自己。

逐梦路上，步履不停方能找到生存的意义。只要你做好吃苦的准备，始终迎难而上，你最终会站在属于你的舞台上大放光彩。正如董卿所言："谁也不知道自己的将来会怎么样，而生活的魅力就在于它的不可知，我们只能去为未来做努力。"

正因人生充满了不确定性，你才要怀抱着沸腾的梦想努力前行。

她曾和两个师兄在大学的某个暑假去敦煌莫高窟采风。有一天，她对师兄说自己想利用下午的时间去看看向往已久的沙漠，结果师兄严厉地批评了她一顿。

几天后，她头戴草帽，拿上手电筒、水壶、短刀和火柴，悄悄地向沙漠进发。走之前，她给师兄留下一个字条。刚进入沙漠的时候，气温高达40度。她头顶烈日，被眼前的风光彻底吸引。天慢慢黑了下来，气温骤然下降。冷风刮过，她瑟瑟发抖起来。

迷失方向的她瞬间想起师兄严肃的面庞。她待在原地，拿出短刀在沙子里挖出一大堆骆驼刺，堆在一起点燃。那温暖的火焰拯救了她。天快亮的时候，师兄循光而来，照例将她臭骂了一顿。这件事过去几年后，她硕士毕业，被分配到一个极其偏僻的小山村工作。

那里的条件异常艰苦，她一度消沉沮丧，不敢奢望未来。有一天，师兄却突然寄给了她一封信，信中写道："我什么都不怕，我带上手电了！"她思索良久，突然恍然大悟。

她就是于丹，师兄的信给了她莫大的鼓励。一路走来，她心里曾无数次泛起对未知未来的恐惧，也曾无数次想过逃避退缩。然而，每一次煎熬到最后，她脑海里只剩下两个画面：在沙漠里独自待过的夜晚和师兄寄给她的那封信。

师兄是在告诉她：手电筒不是用来照明的，它给了你独闯沙漠的勇气。带上它去闯荡人生之路，无所畏惧勇往直前才能迎来属于自己的命运。

于丹靠着这个信念，勇敢地闯出了那个偏僻的小山村，闯上了《百家讲坛》的舞台。董卿、于丹这些优秀女性的人生经历一再证明：人生的意义就是不惧挑战、勇于尝试，就是满怀希望地活在当下，无所畏惧地拥抱未来。

不再模仿别人，开始学习定义自己是谁

聪明女人首要的素养是准确定位自己。无论身处何时何地，她们始终能够看清自己的优势和劣势，并对向往的生活里的细枝末节都规划得无比清晰。这样的女人眼神温和有力，走起路来自信昂扬，是名副其实的女神。

然而，生活中有很多女性朋友都只看到自己的缺点，看不到自己的优点，从穿衣打扮到人生态度都一味效仿他人，久而久之，便失去了自我。

你可以模仿他人表面的姿态，却模仿不了她内里的坚强和韧性，结果只能让自己的人生陷入"东施效颦"的尴尬中。不如从这一刻起，抛弃那些不自信的念头，一边有条不紊地走出属于自己的精彩，一边勇敢地为独一无二的自己喝彩。

杨澜刚刚成为《正大综艺》的主持人的时候,差评如潮。针对她的主持风格,观众评头论足,始终不买账。连很多主持界的前辈也对她各种明示暗示,质疑她个人风格太突出。那时候的她,一站上舞台就心惊肉跳,手足无措。

年轻的她对自己产生了深深的怀疑。之后,她特意找来很多前辈的主持视频,取起经来。在这个过程中,不知怎的,杨澜突然"开了窍"。她固执地想:"不同的主持人有不同的风格,为什么我就一定得模仿别人呢?"既然无人支持她,她就得为自己加油打气,走出属于自己的独特道路。她顶住压力,坚持了下来。不久,观众的评论就转变了风向,而她也慢慢成为央视最受欢迎的主持人之一。

杨澜曾对年轻女孩们说:"女孩到了二十多岁后,就要开始学着用心地经营自己了,它体现在外表以及涵养上,每一个女孩都是特别的,都应该有自己独特的品位。"

所谓品味,指的不单单是外在的穿衣打扮,还有内里的精神素养。每一个女孩都能修炼出独一无二的眼光和精致高级的品位。关于这一点,只靠模仿是做不到的。

在自我定义的这条道路上,你首先要明白的是:真实比一切都重要。我们身边的很多女孩包括我们自己,都曾有过迷失自我的经历。从小到大,所有人都在教导我们要做正确的事情,要成为优秀的人,要为了大多数人的认同与赞美倾尽全力。

　　然而，就在经历了一段又一段的弯路之后，你才渐渐明白，优秀和正确从没有固定的标准。当你为了他人的肯定背弃内心的呼唤的时候，你最终会与真实的自我渐行渐远。

　　于是，模仿便成了人生的主题。你复制着他人的眼光、选择乃至于喜怒哀乐，过上了正确却"别扭"的生活，内心满是空虚和寂寞。要知道，光阴如此短暂，做真实的自己，活出属于自己的精彩才是人生的真谛。

　　曾有人问杨澜："如果2012年真的是世界末日，你最希望完成怎样的计划？"

　　杨澜笃定地答道："我觉得还是按我现在这么来过，我觉得现在过的生活就是我想要的生活，我不需要去过别人的生活，就是踏踏实实地过好每一天，你不可能控制明天，你只能过好今天，爱你自己爱的人。"

　　这番话只有自信强大的女人才能说出，她们永远知道属于自己的生活是什么模样。哪怕面临的是世界末日，她们也能保持内心的平和安静，按照自己的节奏去行走。

　　而那些一味从众的女人无疑是悲哀的，她们不知道怎样爱自己，什么才最适合自己，所以早就习惯了盲目跟风，在踌躇犹豫中白白蹉跎了半生。

　　玛丽·麦克布蕾刚刚进入广播界的时候，梦想着成为一名喜剧演

员。她花了很多时间去学习前辈们的衣着打扮，舞台风格，乃至说话的节奏、特殊的口音，结果观众始终不喜欢她。玛丽很是沮丧，她干脆抛开一切包袱，变回那个平凡的，来自密苏里州的乡下女孩，将自我本色发挥得淋漓尽致。让玛丽没想到的是，她竟因此一炮而红，成为纽约炙手可热的广播明星。

一旦站在命运的交叉口，每个人都会面临不同的选择。你要走的是一条和他人截然不同的路。而预期中的目的地不同，应该付出的努力也绝不相同。

钱钟书先生在《围城》里写道，如果一个女强人强行扮出一副小鸟依人的姿态，滑稽程度堪比小猫学小狗追逐自己的尾巴般娇憨。反之，不是每个女人都适合做风风火火的事业精英和女强人，她们的兴趣、潜力也根本不在于此。

正如卡耐基的那句名言："整日装在别人套子里的人，终究有一天会发现，自己不知从什么时候开始已经变得面目全非了。"你要相信，每个女孩都是造物主的宠儿，各有其形象、个性和相应的潜力。只顾盲目地跟在他人身后，只是在给自己的人生套上无形的枷锁。

你的人生，应该由你自己定义。你要学会审视自身的定位，看清摆在眼前的道路，听从内心的选择，为自己撑起一片湛蓝的天空。

与众不同的你永远是最吸引人的主角

林语堂说："人生不过如此，且行且珍惜。自己永远是自己的主角，不要总在别人的戏剧里充当配角。"

的确，人生短暂，逝者如斯。专心致志于脚下的路，坚持做与众不同的自己，才不至于辜负了这珍贵的光阴。只因这世上没有两片相同的叶子，也不会有两个一模一样的人。美得千姿百态，美得独一无二，才不算白白浪掷了岁月。

拥有一张"厌世脸"的世理奈一度成为日本最受欢迎的女模特。细细观察她，你会发现这位眼角下垂，面颊上生满雀斑的新晋模特并不符合人们一贯的审美。可是大家还是亲切地称她为"雀斑少女"。她总是迷离着双眼，表情疏离，拥有让人过目不忘的魔力。

世理奈先后受到日本《装苑》、*Ginza*、*Numero Tokyo* 等高含金量杂志的青睐，她身上那种矛盾感成为观众心里鲜活独特的美的象征。

无独有偶，一位名为Ashley Graham的与众不同的"胖模"亦在美国红极一时。提起超模，出现在你脑海里的一定是那种极其高挑、纤瘦的模样。而Ashley的出现打破了这一传统审美，让人们意识到，原来只要自信，胖女孩一样可以美出自己的风采。

2016年，Ashley成为第一个登上《体育画报》泳装版的大码超模，这件事轰动了整个超模界。只因在她之前，只有拥有黄金比例身材的美丽女孩才能成为《体育画报》的封面女郎。在这组大片中，她眼神犀利，胖胖的身材非但没有拖后腿，反而为她带来别样的魅力。

世理奈和Ashley的经历证明，这世上有千百种美丽，但最能征服人心的那一种，叫作与众不同。活着的最佳境界无疑是保持自我本色，只因每个人都是这个世界上最为独特的存在。只有坚持做与众不同的自己，才能度过不留遗憾的人生。

瑞典作家巴克曼说过："最吸引我的就是55岁以上的成年人和10岁以下的小孩，因为他们是最不会在意那些社会既定法则的人。"

在社会的"循循善诱"下，大部分女性都很善于隐藏、伪装自我。她们活在别人的目光中，光是一个鄙夷的眼神就能成为她们心中沉重的负担，而这也是她们活得不幸福的原因。

想要活出自己的魅力和风采，先得坦诚面对自己，诚恳地接纳不那么完美的自己。在审美多元的今天，美得四平八稳，挑不出任何缺点的人如果存在，反而会缺乏一点生趣。而美得鲜活、生动，缺点明显的人，却往往能给人留下深刻的印象。

真正勇敢的女人向来敢于直面惨淡的人生，敢于正视淋漓的鲜血。从出生、外貌到后天经历，她们心平气和地接纳着自我的一切，一路披荆斩棘，只为遇见更好的自己。

黛比·福特28岁之前过着极其混乱的生活。她坦言，这是她掩盖自卑、惩罚自己的方式。她暴食、酗酒、作息颠倒，想要将自己不完美的人生彻底毁掉。然而，某一天醒来时，黛比心里却突然涌起了一股改过自新的冲动。她一边回忆着荒唐的过往，一边审视着镜子里的自己，她的心情慢慢变得平静起来。当她意识到自己异于常人的敏感和在写作上的天赋后，她拿起了笔。经过一番努力，黛比写出了成名作品——《接纳不完美的自己》。

后来，黛比成为全美第一名的畅销书作家。她说，当她坦然接纳自己的时候她反而从黑暗中汲取到了智慧和力量。

想要活出自己的魅力和风采，就勇敢地走自己的路，让别人说去吧。很多女性在追逐目标的过程中都曾受到过阻挠与非议。一些心性不坚的女孩很容易被那些攻击性的话语击溃，而对于另一些女孩来说，受到的阻碍越大，她们就变得越坚定。

13岁时，董竹君被走投无路的父母送到青楼卖唱。一年后，她被救国英雄夏之时所救，并嫁与他为妻。婚后，夏之时骨子里的大男子主义逐渐凸显，他要求董竹君像那个年代的其他女子一样，低眉顺眼地伺候丈夫，服侍家人。董竹君却做不到这一点。

她坚持求学，始终无法放弃对音乐的爱好与追求。有一次，董竹君听到凄美的尺八演奏声，她听得入迷，丈夫却在一旁冷嘲热讽。又有一次，她正在用七弦琴练习《平沙落雁》的曲子，丈夫却面露不屑道："弹好了又怎样？"

董竹君知道，丈夫始终看不起自己的身世。面对他的嘲讽与打击，她却心怀坦荡，始终自信于自己的艺术审美。她更相信，哪怕离开丈夫，她也能凭借自己的双手活下去。

当董竹君毅然离开丈夫时，后者撂下一句话："你若混得出来，我就以手掌心煎鱼给你吃。"谁知几经波折后，董竹君竟开创了锦江饭店，成为名噪一时的民国传奇女企业家。

董竹君是一个极其美丽的女子，她美在清秀、俊雅的外貌，也美在自信、强大的心灵。如她一般出身的女人，要不萎靡于乱世，自伤自弃，要不淹没于众人，早已模糊了本来面目。她却不将就，不妥协，偏偏要做这乱世中独一无二的自己。

把人生的选择权交给自己，而不是别人

龙应台曾对儿子说："孩子，我要求你用功读书，不仅仅是因为我要你跟别人比成绩，而是我希望你将来会拥有选择的权利，选择有意义、有时间的工作，而不是被迫谋生。当你的工作在你心中有意义，你就有成就感。当你的工作给你时间，不剥夺你的生活，你就有尊严。成就感和尊严，给你快乐。"

拥有自由选择的权利，也许是人生最大的意义。可可·香奈儿曾对命运发出宣言："我的生活不曾取悦于我，所以我创造了自己的生活。"这位伟大女性从不愿意将人生的选择权维系在别人身上，她终其一生都在向自己梦想中的时尚王国奋力前行。

12岁那年，母亲患病去世，父亲抛下5个子女不知所终。从此，香奈儿和其他兄弟姐妹一起搬进了修道院的收容所。在那里，她主动

跟在修女身后，苦学裁缝的技巧。

成年后，她不愿意和其他姐妹一样待在阴暗的修道院里度过一生，而是鼓起勇气前往巴黎闯荡。为了养活自己，她做裁缝女工，去酒吧驻唱，将一首coco唱得动听之极。

驻唱期间，香奈儿与名为艾蒂安·巴勒松的年轻军官相识，通过后者她第一次见识到了繁华奢靡的法国上层社会。香奈儿深知，一味依靠男人她根本无法实现自我价值。于是她一边耐心积累知识，一边孜孜不倦地尝试着各种新鲜事物，甚至连骑马、打球、滑雪等"专属男人"的运动她都不惧于尝试。

香奈儿一直延续着看书读报的好习惯，无论在哪里，哪怕后来有了自己的事业，生活变得繁忙无比，她都保持着固定的读书时间。她终生未嫁，当记者问她为何做出这个选择时，她坦然回答道："大概因为我没有找到一个能和'可可·香奈儿'媲美的漂亮名字。"

可可·香奈儿的一生活得恣意潇洒，可以说，她做出的每个重大选择都遵从于她的内心，从未受世俗影响，也从未被舆论绑架。从当初那个贫民少女开始，她一步步规划着自己的人生道路，牢牢握紧了人生的选择权，最终成为一位传奇女性。

对于女性来说，"安全感"是一件很重要的事情。然而，历经世事如你，终有一天也会明白，"安全感"几乎可以等同于"选择权"。正如弱国无外交，身为弱者，你也就丧失了选择的权利。而最糟糕的生活，莫过于受人辖制、失去选择权的生活。

很多人都读过这样一个故事：一位渔夫在海边悠闲地晒太阳，他身边的富翁问道："你怎么不去捕鱼呢？"渔夫反问道："捕鱼是为了什么？"富翁说："捕了鱼去卖钱啊。"渔夫追问道："挣钱是为了什么？"富翁说："那你就可以和我一样，在海边悠闲地晒太阳啊。"渔夫笑了："我这不正晒着呢吗？"

读罢故事，也许你会深受感触。实际上，故事里错乱的逻辑正在误导你的思维。渔夫和富翁同样是在晒太阳，而他们的不同之处在于前者没有选择权，而后者却将选择权牢牢握在手中。渔夫偷懒，兜里钱花光后只能被迫谋生，一场突如其来的意外足以将他击垮。

而富翁既可以选择去最好的海滩享受最温暖的阳光，也可以选择去最高的山上欣赏最美的夜景。无论是生活状态还是精神世界，他都拥有令人羡慕的自由。这实际上向我们揭示了一个真理：没有前期的努力，何来随心所欲生活的权利？

然而，现实生活中，很多女孩虽然没有公主命，却得了公主病。她们无限向往自由的生活，却又不愿意吃苦，不愿意为此付出努力。当选择权一再被剥夺，连青春这项唯一的资本也不复存在的时候，被生活逼得无路可退的她们不由追悔莫及。

根据真实事件改编的电影《风雨哈佛路》描述了女孩利兹艰辛痛苦、浸满血雨的成长之路。虽然她无法选择自己的出身，也无法选择自己的童年生活，但她却愿意拼尽全力去为往后无尽的岁月争取选择权。

利兹的父母都是瘾君子，母亲患了精神分裂症，最后死于艾滋病。从未享受过父母关爱的利兹住过收容所，睡过地铁站，饿了只能捡拾垃圾填饱肚子。偶尔她还需要扮演大人的角色，去照顾父母和姐姐。母亲去世后，利兹告诉自己，她不愿意再过这样的生活。

利兹决定要通过读书来改变现状。她一边打工，一边读书，付出了常人难以想象的努力。从17岁开始，利兹下定决心一定要在2年时间里完成4年的学业。老师担心她会将自己累死，而利兹却摇摇头说："这才是活着。"

利兹没日没夜地攻读功课，连洗盘子的时候都会不自觉地背诵知识。慢慢地，她成了班里学习最好的学生。后来，她顺利被哈佛大学录取，还获得了不菲的奖学金。

利兹说："我希望能和别人平起平坐，而不是低人一等。我希望能去哈佛，接受良好教育，读遍所有好书，于是，我情不自禁地想，我是不是该发挥自己的每一分潜力呢？"

当她将自己的潜力"压榨"至最大程度的时候，她就此掌握了命运的缰绳。想要获得人生的选择权，就要先通过奋斗为未来打下坚实的基础。这样的你，在面对生活中突如其来的残酷和意外时，才有底气做出对人生最有利的选择。

这世上有一种成功，就是以自己喜欢的方式过一生

有的人追求五光十色、奢华精彩的都市生活；有的人却只愿与爱的人携手，平淡老去，从容一生。如果是你，你会做出怎样的选择？当然，追求并无高低贵贱之分，如果能以自己喜欢的方式过这一生，足以证明你的圆满与成功。

塔莎·杜朵出身于美国的一个名门世家。从小，她见惯了浮华的上流社会。然而，她内心真正喜欢的却是富饶美丽的农场和四季分明的自然景色。她继承了父亲的想象力和母亲的绘画天赋，最喜欢用画笔细细描绘她心目中的田园生活。

15岁时，塔莎开始绘画创作，23岁那年她发表了处女作，获得了无数业内好评。57岁时，孩子们纷纷独立，塔莎搬到美国东部的一个小镇，开始了梦寐以求的田园生活。她建造了一栋乡间别墅，全部的

装饰构造都采用了18世纪的风格。

塔莎在庭院里种满了花草、果树。绘画之余，她喜欢做各种手工活，纺线织布，制作玩偶等。她十分享受劳作的甜蜜，将日子过得富饶而又美丽。

如今"塔莎奶奶"已成为一个符号，一种梦想。有人说，她应该过上更好的生活。可在她看来，最好的生活，就藏在乡下的农场里，藏在充满魅力的自然风光里。

英国诗人马洛断言："成功只有一种，就是按自己的想法过一生。"无论你正从事何种职业，只要一生都执着于一件事，始终孜孜不倦地追寻着理想中的生活，就值得尊重。

有的人向往大富大贵的生活，有的人心仪于小富即安的幸福，这都属于个人追求。只要心怀梦想，信心满满地朝着它进发，总有一天你会得到意想不到的成功。

然而，问题是，现实生活中的很多女孩总是祥林嫂般翻来覆去地诉说着梦想，骨子里却又害怕改变，懒于行动。有的女孩说，她想要成为花艺师，和花花草草相伴一生；有的女孩说，她想辞去工作，去旅行一段时间；还有人说，她想变成更优秀的自己；……结果整整几年过去了，她们却一直守着那份不喜欢的工作，终日蝇营狗苟，不敢迈出第一步。殊不知光阴似箭，很多话说着说着就忘了。等你回味过来的时候，时光早已将你远远甩在身后。所以智者说，人生最大的悲哀在于明明不喜欢现在的生活，却偏偏坚守了一生。

一旦走上不喜欢的路，目之所见都是不喜欢的人、事、物，你只会越走越拧巴，苦闷，后悔不迭。有些人之所以倾尽全力，只是为了能有机会、有底气重新做出选择。而这世上最有价值的付出，莫过于为了想要的未来、为了喜欢的生活付出艰辛的努力。

黄妮之前在体制内工作，她主要负责给领导撰写各种发言稿和汇报材料。她将这份工作一做就是5年，日子过得越来越沉闷，她脸上的表情也变得越来越颓丧。

有一天，好友在另一个城市用手机发来一篇文章，黄妮打开一看，竟是自己以前写的一篇杂文。她读着读着，不由大哭起来。从小到大，周围的人都赞扬她文笔出众，有一股灵性。而一直以来，黄妮最理想的生活也是靠文字养活自己。

如今的她，能够写出的无非只是一些官话和套话，早已失去了那份灵性。黄妮感到恐慌，当天晚上，她就对母亲表达出想要辞职的想法。母亲却苦口婆心地劝了她好几个小时。在母亲看来，她好好待在小城市，过几年按部就班的生活，相亲、嫁人、生子才是明智的选择。

这一番话反而坚定了黄妮内心的想法，第二天她就上交了辞职报告。之后，她不顾母亲的反对，来到大城市闯荡。如今的她，已在一家新媒体公司担任起了管理层的职位。除此之外，她还相继出版了好几部个人作品，收获了很多被她的文字打动的"粉丝"。

太多人嬉嬉闹闹地过着一天又一天，却忘了曾经的自己，眼里有光，心中有梦。太多人不满意现有的生活，却又不敢听从内心的呐喊。

按照自己喜欢的方式过这一生，说难也难，说易也易。你若一味迟疑不定，轻易不敢行动，这梦想中的生活便始终是"空中楼阁"。而被生活磨去激情的人，人生信条早已由"拼搏奋斗、遵从内心"转变为"努力不一定成功，不努力却很轻松"。

扪心自问，过不喜欢的生活难道不是世上最悲苦的事情吗？如何轻松得起来呢？退一步想，这一时的轻松不过是生活为你设下的陷阱，当你沉溺于此，被时光磨去了一身锐气之后，就什么都迟了。到了那时，你就只能永远活在后悔与挣扎中。

你喜欢过安稳平淡的人生，就去亲手开创自己的幸福，确保家人一生平安无忧；你喜欢精益求精、永不后退的生活，就始终保持着乘风破浪的动力、勇气和决心。不管你梦想中的未来是什么模样，都需要你自己亲手去开辟。

永远不要看轻自己，你比想象中的自己更优秀

身边的女性朋友，无论有多优秀，内心深处总藏着一丝不自信。哪怕家境、外貌、工作等方面都很出色的姑娘，也会哀叹于自己的皮肤不够白，自己的工作能力不够好。

在别人眼中，她们处处都是优点，生活得惬意圆满。而她们眼中的自己，却处处都是缺点，人生处处是坎坷和不如意。对于另一些外在条件不那么出色的姑娘来说，她们的眼神里更是写满了不自信。所以处处畏首畏尾，甚至打心眼里瞧不起自己。

然而，有时候妄自菲薄比妄自尊大要可怕得多。后者习惯性地放大身上的优点，虽然眼高手低，至少也带着几分一往无前的勇气；前者却一个劲儿地贬低自己，每每遇到挑战便踟蹰不前，甚至仓皇后退。他们给出的理由永远是：我不行，我做不到，我不够优秀……

丢盔弃甲、不战而逃的人生是可悲的。正如励志电影《永不妥

协》中那个坚强的单身母亲所言："成就感就是，见到不看好你的人，露出惊讶的表情。"被别人看轻，并不可怕，可怕的是你早已习惯了自我轻视，自我贬低。而那位母亲的经历更证明，只要努力过，早晚有一天你会发现，你比想象中的自己要优秀、强大得多。

埃琳·布罗克维奇曾经历过两次离婚，她拖着三个孩子，过着一贫如洗的生活。万般无奈之下，她只能恳求自己的律师埃德·马斯瑞雇用她。

埃德勉强同意，埃琳便暂时去了埃德的律师事务所打工度日。在别人眼里，这位曾经的选美皇后、如今的"黄脸婆"毫无法律背景，不过是个愚笨的花瓶而已。埃琳没有被同事们的嘲笑所击倒，她积极处理手头的工作，尽一切努力去积累经验，学习法律技巧。

有一天，埃琳在一堆烦琐的文件中发现了一些可疑的医药单据。再三思虑之后，她将内心的怀疑告知埃德。在后者的支持下，她展开了调查，并很快找到了线索。顺藤摸瓜之下，埃琳发现了一个惊天秘密——一家工厂非法排放的有毒污水正在损害当地社区居民的健康。

埃琳挨家挨户地做起了动员工作，在她的不懈努力下，她终于集齐了600多人的签名支持。这为埃德事务所打赢官司起到了关键性作用。这时候，埃琳变得越发自信昂扬起来，再也没有谁会小瞧她了。

这起官司最终为居民赢取了3.33亿美元的巨额赔款，这个结果可以说是埃琳一手促成的，对此她功不可没。尽管她只是一个陷入难堪境地的单身母亲，尽管她没有受过专业的律师培训，尽管人人都在嘲笑她的肤浅、贫穷，埃琳却始终没有怀疑过自己。

在这个过程中，只要她对自己产生过一丝一毫的动摇，就只能迎来惨淡的结局。万幸的是，她咬牙抗过了众人的偏见，最终向大家证明，她是生活中不折不扣的强者。

人生之所以处处充满遗憾，大部分是由于不自信造成的。你要明白，让你羡慕不已的那个光芒万丈的女神也曾有过暗淡失败的曾经。她们的优秀和美丽离不开一次又一次的尝试、离不开非人的磨炼。如果不是始终坚信未来，她们怎能够坚持至如今？

你觉得你不行，你不够优秀，你不够完美，是因为你始终缺少自信。所以你总是还没开始，就急着去否定自己；所以你面对别人赞美，反而会感到羞愧。

短片《你比想象中更美丽》是多芬的一则广告，它感动了无数人。短片的主角是一群女性，多芬针对她们展开了调查。结果让人惊讶，她们中，仅有4%的女性觉得自己是美丽的，其余的人却认为自己外表平凡，毫无魅力。

多芬请来了美国罪犯肖像艺术家Gil Zamora，按照女性自己的描述和她们朋友的描述分别绘制出两幅肖像画，对比之后，你会发现这两幅肖像相差甚多。

前一幅肖像重点突出了外貌上的缺点，后一幅则更注重优点，如柔顺的头发、温柔美丽的双眸等。就此短片主题浮出了水面：其实，你比你想象中的要美丽得多。

很多女性之所以美得让人念念不忘，不在于她协调的五官，而在于她自信的眼神和爽朗的笑容。很多优秀的人不一定样样都比别人强，只因他们对自己的优秀深信不疑，只因他们在身边的同龄人犹豫迟疑的时候，始终昂扬奋进，步履不停，这才一步步走出了自己的精彩。

你要相信现实中的你，比想象中的更好。想要变得自信乐观起来，首先要有清晰的自我认知，找出自己的优势，学会肯定自己。大多数不自信的人总是过分关注于自己的短处，于是越想越觉得灰心丧气。这时候你要刨除脑海中的负面想法，多多寻找自己的闪光点。

其次，无论是成功还是失败的经历，只要你认真做好反思与总结，都是获得自信的途径。最怕的是你一遇上失败，便自暴自弃。有人说："一个人可以被摧毁，但绝不能自毁。"记住，优秀的人之所以能够将你抛在身后，无非是在你轻易言弃的时候，他依旧眼含热泪，用力奔跑。

第六章
『断舍离』，
让生活散发出质感

丢弃不适合你的衣服物品，放过快要爆仓的家

人们常说："女人的衣柜里永远少一件衣服。"这话听起来挺有道理，却与现实情况背道而驰。大多数女性的更衣室里总是挤满了衣帽鞋包，尽管如此，她们却一味抱怨自己没有衣服穿。可见她们缺的不是一件衣服，而是一件适合的衣服。

日剧《我的房间空无一物》里有一句经典台词："不断地得到东西，所以不思考物品的价值。"都市女性大多是"囤积症"患者，她们花很多的时间淘来各种昂贵、利用率却很低的物品，等新鲜劲儿一过，就将它们扔在家里积灰。

殊不知让物品各尽其用才是对物品的尊重。当《我的房间空无一物》的女主角麻衣走上"扔东西狂魔"的道路的时候，她感受到了前所未有的痛快与清净。"断舍离"为她狭窄局促的生活打开了新天地。

麻衣小时候住在一间拥挤的老房子里，让她记忆最深的，是塞满房间、客厅、过道的各种零零碎碎的小物品。平时经常要翻个天翻地覆才能找到需要的东西，一有客人到来，家人们立马匆匆忙忙地将各种物品藏起来。

长大以后，麻衣的房间一如既往的乱，东西多得快要"漫溢"出来。后来，麻衣经历了一次失恋，她待在拥挤的房间，因心烦气躁而收拾起了屋子。看不顺眼的物品，直接扔掉；从没穿过的衣服，扔掉；墙上的贴画、桌子上的玩偶，扔掉；……

奶奶和母亲对麻衣的行为感到不可思议，她们甚至认为麻衣是个"变态"。直到日本发生了大地震，麻衣一家搬到临时居住的公寓里，母亲望着从家中抢救出来的仅存的物品，不由感慨道："生活里真正必要的东西，原来只有这些啊。"

剧集的最后，空荡的公寓内洒满阳光，女孩舒服地躺在光洁的地板上，闭上眼睛，享受着这清静的时光。这种生活令人羡慕不已。

看看麻衣，再看看每年"双十一"都要一边"剁手"一边不受控制地购买一大堆"废品"的自己，你心里会不会涌起一丝后悔？

人对物质的需求其实简单至极。衣柜里的衣服再精美再昂贵，若不适合你，它们只会变成生活的负担。你对食物怀有再多的渴望，明智的做法却是将胃空出来，留给热爱的美食。

每一次不到搬家，你都不会发现原来自己拥有这么多没用的东西。也许是高中时期的旧课本、练习题，也许是过期的药品、化妆品，也许是早已过时的围巾、丢在角落里的运动鞋，也许是缠在一起的数据线和从没用过的榨汁机……

这些鸡肋物品曾掏空了你的钱包，浪费了你宝贵的时间和精力，如今又在与你共享有限的空间。日本的杂物管理专家山下英子第一个提出"断舍离"的理念。她说："断，就是断绝不需要的东西；舍，就是舍弃多余的东西；离，就是离开对物质的执念。"

当你劳碌一天，打开家门，目之所及尽是一片拥挤和狼藉，这该是多么糟心的生活啊。这个快要爆仓的家只会让你产生转身逃离的冲动。

仔细想想，储物间里的那些物件，能发挥作用的到底有几件？厨房里那些瓶瓶罐罐真的有用吗？你舍不得扔的过期药品除了留着"观赏"还能干吗？

在别人看来，佐佐木典夫的家犹如审讯室般"一贫如洗"。打开衣柜，你只能发现3件衬衫、4条裤子和4双袜子。然而，他本人却称目前的生活丰富多彩，有滋有味。

佐佐木是一名编辑，每月拿着丰厚的薪水。对于他来说，钱不是问题。他说，曾经的他，脑中始终萦绕着一个问题："我还没拥有什么，又失去了什么。"

他一度痴迷于收集书本、CD唱片和DVD光碟。等到这些物品快要将家里装满之后，佐佐木却突然觉得烦躁起来。接下来的一年里，他将手中物品部分变卖，部分送给了朋友。

家里渐渐变得空荡、宽敞，佐佐木惊喜地发现，他有了更多的时间和朋友一起出去旅行。往日的压抑一扫而空，他的心情变得越发畅快起来。

"断舍离"是一种健康的生活理念。也许我们无法做到如麻衣、佐佐木那般极致的地步，却也可以通过以下几个实际行动一步步摆脱对物品的执念，让自己的生活变得更有质感。

1.从衣柜开始整理。留下最适合最喜欢的衣服、鞋包，通过各种渠道处理掉那些不适合你的或者只穿过一两次却舍不得扔的衣物。

2.扩大范围，审视整个家。但凡占用了家庭空间却并没有发挥出应有作用的鸡肋物品，不要犹豫，将其果断处理掉。一次次重复这样的行动，直到家里变得清爽、干净。

3.抛弃内心"有朝一日能用上"的想法，谨慎购物，珍惜呵护，勇敢地舍弃。正如麻衣所言："我只留自己喜欢的东西，一旦买了，就好好保养，为长久使用而尽心维护。"

"断舍离"不仅仅是扔东西那么简单，它是在培养我们"不役于物"的思想。每次扔东西时的那种心如刀割的感觉其实是在提醒你，你爱囤积物品的坏习惯真的应该改改了。

买买买，不一定能让你的心情变得更好

电影《一个购物狂的自白》的女主人公丽贝卡说："女人天生是购物狂。"在物质极其丰富，购物变得越来越方便的今天，很多女性每逢心情不如意，浮现在脑海中的第一个念头一定是"买买买"。可是，一阵无所顾忌、酣畅淋漓的大买特买之后，心情真的会变好吗？

你的衣柜里还放得下你新买的衣服吗？你究竟是喜欢那款名牌包，那双昂贵的鞋，还是喜欢刷卡时的快感？信用卡被刷爆之后，你的快乐能维持多久？

丽贝卡是一名财经记者，尽管已经工作了好几年，她却没能攒下一分存款，反而因为疯狂购物欠下很多债务。她靠购物来发泄工作中的压力，本着"只要喜欢，不买可惜"的原则，她一再冲动消费，甚

至花了一万多美元买了自己根本不需要的潜水用具。

信用卡催款单如雪片般飞来，眼看着生活之塔摇摇欲坠，丽贝卡为防止自己购物，将自己的信用卡冻在冰块里。结果，被购物欲淹没的她竟然砸开了冰块，取出信用卡后又开始了大买特买。短暂的快乐后，她却欲哭无泪，内心涌起无限的空虚感。

在男友和朋友的帮助下，丽贝卡慢慢赶走了脑海中的购物欲望。当她的生活逐步走上正轨的时候，她感受到的是一种久违的充实和快乐。

根据发表在某国际医学期刊上的一篇报告可知，喜欢"买买买"的人可能是患上了"强迫性购物症"。而该病的高危人群是大学生和女性。

专家称，购物成瘾的人大多患有抑郁症。他们一旦遇到下面这种情况总会不可自抑地冲进商场疯狂购物：在工作中遇到了挫折；与父母、伴侣、子女发生争吵；听到了坏消息；……

对于女性朋友来说，她们最常选择购买的物品前三名为衣服、食品、鞋子。"买买买"的过程中，她们内心充满快感和激情。所以越来越多的人习惯通过购物来排解生活、工作中的压力。然而，这种愉悦的感觉却无法持续太久，它往往会被强烈的负罪感所代替。

购物应该有明确的目的，普通人买东西时会抱着"我需要这件物品"的想法。而购物成瘾的人却是为了重复体验购物过程中的那种轻松、畅快的心情。这一类人群购买之前大多没有计划，也没有清晰的预算，反而随心所欲，一再让冲动消费的情况上演。

然而，"借买消愁"不仅会让钱包"受伤"，还会让原本糟糕的生活雪上加霜。生活中购物成瘾的女性总是被迫面对财务危机。通过购物来获得快感的她们自身的压力和痛苦非但没有减轻，反而一再叠加，直到彻底影响到自己的工作和社交。

如果无法及时改变这种情况，随着个人财务状况越发糟糕，她们只会变得越来越焦虑、紧张。而这种负面情绪可能会导致她们再度疯狂购物，从而陷入一种可怕的恶性循环。

如果你也是一位在物欲面前容易丧失理智的"剁手党"，该如何自救？

你要记住，永远只买对的。很多人喜欢在商家举行促销活动的时候大肆抢购一些便宜物品，总以为错过就是吃亏。可是，再便宜的东西叠加在一起，算起总额的时候你也会倒吸一口凉气。何况大多数的物品就算买回来也只是放在家里发霉腐烂而已。

购物之前，先列好需要的东西，做好预算，坚决不买不需要的东西。针对那些价钱不菲的大件商品，不要急着下单，多考虑几天，最好和家人商量后再做决定。

你还可以用记账的方式来明确收支情况。女性想要过有品质的生活，必须要学会精打细算，以清晰的数据来优化自我生活结构。

记账虽然是件麻烦琐碎的事，却能让你时刻掌握自己的生活状态。反之，如果你过得稀里糊涂，对个人收支情况一无所知，如何保障未来的幸福？

你千万不要纵容自己加入"月光一族"，必须合理分配收入。其实，与其花光钱包去寻找快乐，不如让银行卡上的数字慢慢多起来，这也是保持心情愉悦的有效途径。

你要根据收入和消费情况合理分配每月薪资，做出预算规划，并严格执行。一些善于理财的女性会特意抽出每月薪水的三分之一，进行强制储蓄，这种做法值得推广。

购物成瘾的人必须找到更健康、更有效的转移负面情绪的渠道，彻底断绝购物欲望。心理学家利夫·万博文的最新研究成果表明，人们花钱购物能够得到的快乐并不真实，而购买一种体验才能带给我们真正持久、巨大的幸福感。

所谓的体验，指的是一顿美食、一张音乐会门票或者一场旅行等等。将钱花在昂贵的奢侈品上，久而久之你的攀比心理会日益加重，反而会让你变得越来越不快乐；而将钱花在购买体验上，你除了能够享受体验的过程，事后也会留下美好的回忆。

后者也许并不需要花费太多金钱，却给人生烙印下了或温馨或精彩的印记。这种快乐是那种空洞的购物快感所无法比拟的，它值得一再回味。

另外，这世上还有很多快乐是钱无法购买的。心情不愉快的时候，和知己好友深夜畅谈，去踏青、去爬山，哪怕去健身房大汗淋漓地运动一场，都可以让你变得快乐起来。靠"买买买"来发泄，只会让你沉溺于欲望的泥潭。

从繁杂中抽离，过有质感的生活

格雷戈·麦基沃恩在《精要主义》一书中指出，我们总在忙，忙得看不清事情的核心，而忙来忙去的结果是生活满是狗血和鸡毛，似乎每件事都无法持续跟进。

我们习惯了追赶、奔忙于繁杂的人情世故中，早已失去了最初的单纯淡定，早已忘了生活的姿态本应是悠游自在，恣意优雅。

学会从周遭的繁杂中抽离，成了当前最有意义的事情。正如格雷戈·麦基沃恩的建议："我们需要停下脚步，仔细思考……我们需要过滤掉生活中无关紧要的事情，学会聚焦。"

金钱无法堆砌出有质感的生活。决定生活质感的，是你面对这纷繁世界时的态度。你心怀底气，不急不躁，生活便也变得温柔起来；你气急败坏，姿态难看，生活便处处是阴霾。

《西瓜》是一部很经典的日剧，它的粉丝群大部分都是女性。

剧中的一段台词让人们记忆尤深："大家都是这样，不管内在是什么，只看数字。今天因为没有打车所以赚了660元，电梯停了浪费了5分钟，以前的偏差值是75之类的，都是说些数字方面的事情，体重下降了3千克就非常开心，花19万买了个新品包包，而且为了买它排了2小时的队，这都是些什么啊！无论是赚了还是赔了，都是看数字。"

当数字成为人生的全部意义后，我们期待的质感生活便成为遥不可及的事情。《西瓜》的女主角基子34岁，她重复着忙碌的工作和回家两点一线的生活，只觉得自己活得整手整脚。

有一天，基子无意间走到一个名为"Happiness三茶"的地方，在那里她认识了每日认真做饭的房东，性格强悍、鬼马的教授和有着奇怪爱好的漫画家。基子第一次看到生活的另一种模样，她毅然搬进了这间公寓。从此，四个女人一台戏，而公寓里也从未缺少美食和欢笑。

时间改变了基子的心态，她变得越来越豁达自在。无论工作有多枯燥繁忙，当她放慢脚步，认真对待的时候，一切难题都迎刃而解。当她全身心地沉浸在无数细碎的美好中时，原本焦头烂额的生活仿佛处处充满了西瓜清新的香味。

沾染了一身市井烟火气息的我们，以为质感生活只能用豪华、奢靡之类的词语来形容，只能用数字来代替。所以我们不惜牺牲一切去换取它。然而，当有一天你真的登上了最高的山顶时，才会发现最珍贵的无非是那清新的空气、优美的风景和内心的自在与镇定。

《西瓜》中的那些平淡如水的细节显得如此有质感和高级，自有一种独特的人生风味。真正值得我们追求的生活，是抛开繁忙的现状和焦躁的心态，认真品味生活中的一点一滴；是集中精力做好一件事情。而这山望着那山高、永不知足的你，永远也获取不了自由的人生。

为了从繁杂中抽离开来，你需要腾出足够的时间和空间来思考这些问题：你最关心的是什么？你最想做好的事情是什么？

有一类女孩永远也不知道什么才是自己最渴望的生活，她们羡慕女强人的雷厉风行，盼着能单枪匹马闯出一片天地；同时又渴望着过家庭主妇那种安稳自在的小日子，精心侍弄一个完美的家庭。她们不停地关注着别人的生活，于是活得越来越浮躁、疲倦。

内心不够坚定，逐渐盛起的攀比心会吞噬掉你的热情；目标不够清晰，梦想只会在这种左摇右摆的生活中无限搁浅。这都是你忙来忙去却不见成果的原因。

先放下手中那些琐碎的事情，空出时间来全神贯注地思考。拨开眼前的迷雾，找到最适合你的方向，然后心无旁骛地走下去，让以后的日子只剩坚定。

你要让脚步慢下来，积极探寻生活的"自在角度"。宋朝诗人黄庭坚说过："人生正自无闲暇，忙里偷闲得几回？"若将人生当成一场你死我活的比赛，生活还有什么质感可言？人生应该是一场旅行，走走停停，有张有弛才是生活之道。

若感到疲累，请抽离快速运转的生活，让灵魂得到暂时的休憩。偶尔的空闲，是为了忙起来的时候更专注。慢下来，你才能发现细雨的轻灵，春阳的温暖，时光的轻慢与慵懒。

曾子墨曾以全国托福最高分的身份被世界名校达特茅斯学院录取，毕业后她进入了世界顶级的投资银行工作。那段时间，她几乎牺牲了所有的个人时间，换来的是一份优秀的业绩。然而，就在事业到达顶峰之时，曾子墨却做出了一个令人难以置信的决定——放弃这份工作。面对疑问，曾子墨回答说："我不想用自己的生命，去点亮罩在我头上的光环。"

她花了整整两年的时间来修整。在此期间，她明确了以后的方向——做一名新闻媒体人。2000年，曾子墨加盟凤凰卫视担任节目主持人，重新出发的她脚步轻盈，自信满满。

学会从纷繁复杂的世事中看清自我灵魂的本质，找准属于自己的节奏和方向，才能将日子过得充实精彩，充满质感。

女人最难断舍离的,就是对情感的欲望

　　家中总会堆砌着一些无用之物,久而久之便成了"心头之患"。想过清爽的生活,你得下定决心来一次痛痛快快的断舍离。

　　情感也是如此,很多女孩都曾经历过这样的心境:他虽然不适合我,但是毕竟在一起这么多年,真是舍不得这份感情;明知不该陷进去,可是万一能修成正果呢;虽然对他没感觉,可是处一处搞不好就会日久生情;……

　　抱着这样的心情,她们开始了一段又一段感情,沉溺在注定无疾而终的爱情中无法自拔。哪怕后来分手了,她们亦很难走出失恋的痛苦。

　　生性敏感脆弱的女性,最难割舍的其实是感情。一段糟糕的爱情足以将她们的生活搅得天翻地覆。能从爱情里全身而退的女人,会将伤痕变成美丽的文身;而在爱情里纠缠不休的女人,却将那份阴影

留在心里，始终空不出位置让给对的人。

能够在情感上做到断舍离的女子，必然活得生机盎然，充满阳光。她们不贪恋事物表面的美好，深深懂得何为自我珍惜。一旦她们打定主意向前，就绝不会回头。

电视剧《恋爱先生》女主角罗玥曾被程皓怒吼："你知道一个人在什么时候最卑微最可怜最没有尊严吗？选择一份与自己不匹配的感情；选择这么一份感情，就会让你没了底线没了防线，任人伤害！"程皓的话骂醒了罗玥，当她毅然放下那段充满谎言的恋情后，内心终于恢复了平静。

宋宁宇在飞机上偶遇罗玥，他被这个率真、独立的女孩所打动，为了接近她，他隐瞒了自己已婚的事实。宋宁宇的绅士风度给罗玥留下了深刻的印象，在对方的温柔攻势下，罗玥终于爱上了这个风度翩翩的男子。两人迅速确立了恋爱关系。

没想到的是，宋宁宇是个表里不一的伪君子。罗玥在不知情的情况下成为他人家庭的入侵者，成为宋宁宇妻子最恨的人。后来，她因此事丢掉了工作，生活里糟心的事儿一桩接一桩。面对渣男的甜言蜜语，罗玥内心煎熬，一时无法割舍这份感情。

但是当她认清宋宁宇的真面目后，罗玥纵然痛苦，还是选择了当机立断地离开他。为了修复心情，罗玥甚至参加了一场"断舍离"的修行班。

如果罗玥继续和宋宁宇纠缠下去，心里的伤痕便永远无法愈合，她的人生也将彻底偏离轨道，迈入混乱的未来。

爱情尤其需要断舍离，你要相信，舍弃这段发霉的、伤你甚深的爱情，人生才会变得天高地阔起来。记住，当断则断，而真正的"断"不是简简单单地拉黑他所有的联系方式，不是单纯地清除所有他留下的痕迹，而是再也不对这份感情抱有任何期望。

有的女孩口口声声说再也不想搭理对方，却又忍不住去偷看他的微博，关心他的现状，面对他的求和示好更是浮想联翩。这种"断法"起不到任何作用，因为你对这份感情根本没有死心。你要做的是彻底看清对方，看清这份爱情的实质，堵住自己的弱点，变得坚韧起来。

面对"过期"的爱情，再不忍心，也要舍得。爱情也有保质期，一旦爱情变质就得狠心舍弃。有的女孩明明知道对方早已生出异心，却一再安慰自己，只要他还在身边就好。

这种想法无疑是愚蠢的，你不忍丢掉过往的岁月，就会因此而失去更多的时间。你的舍不得只会让原本就岌岌可危的情感又蒙上一层阴影。既然不爱了，就果断放手。放弃自尊苦苦坚持，倒不如潇洒转身，给这段感情画上一个圆满的句号。

面对那些说不清道不明的暧昧，你更要第一时间拒绝。很多女孩都曾沉陷在一段晦暗不明的单相思里，对方的忽远忽近，若即若离让她们既抓不住也放不下。殊不知，暧昧是诱饵，而你是猎物，你做不到断舍离，只能落得一个被"生吞活剥"的结局。

威廉·特雷弗的小说《格来利斯的遗产》描述了一位59岁的鳏居男人格来利斯和一个陌生女士之间纯粹、毫无杂质的友谊。格来利斯是一家图书馆的管理员，这位女士经常来图书馆看书。他们相识后，总是聚在一起探讨书籍、作家和文学。

令人钦佩的是，这一男一女始终保持着情感上的理智，他们除了探讨书本内容外，从不讨论其他话题。可以说，他们对彼此的人生经历、情感生活一无所知。每次谈话结束后，两人直接收拾茶具，互道晚安走人，从未有过一丝一毫的逾越举动。

人类的"情感后院"若是得不到及时的修剪，就会生出无数杂乱无章的枝芽。格来利斯和那位女士都深谙情感断舍离的道理。和那些享受暧昧的人相比，他们的人生格局要宽阔得多。

另外，不爱就别牵手，不合适就尽快分开，别让自己因为这份错误的恋情错过那个对的人。有些女孩因为种种原因和不爱的人走到了一起，她们觉得煎熬、不适，却又无法痛下决心结束这段感情。然而，她们的一再拖延既是对自己的伤害，也是对对方的一种伤害。

既然不爱，一开始就不要牵手，糊里糊涂只会让事情走向难以收拾的境地。既然不合适，不如尽早结束这段感情。放过自己，也给对方一条生路。

如果你学不会放手,爱情反而会成为生活的羁绊。它束缚着你的未来,最终会让你迷失自我。

把注意力集中在你终极的生活目标上，不做手机焦虑症患者

出门忘带手机了，你会不会恐慌不已？手机电池已显示红格，你会不会不顾一切地寻找充电器？手机彻底没电关机了，你会不会一秒钟也难以忍耐？

这些症状都表明：你和手机之间有着"难舍难分"的关系，"分离焦虑"正时不时地困扰着你。网上流传着一句话："世界上最遥远的距离莫过于我们坐在一起，你却在玩手机。"这话表面上是一种调侃，内里却含着一些悲哀。

曾有一部3分钟不到的动画短片引起了上亿人的深思，它全程静默，用一种夸张的手法将"低头族"的悲哀生活现状展示得淋漓尽致。

短片《低头人生》里的每个人，始终保持着低头玩手机的姿势。上班族撞上女孩，一不小心拽下了女孩的外衣，自己也撞上了路旁的

电线杆。倒地的那一刻，他的眼睛还在目不转睛地盯着手机屏幕。而身着内衣的女孩也浑然不觉，仍旧低着头急匆匆地向前走去。

女孩来到餐厅，一屁股坐在椅子上，完全没意识到自己一不小心坐死了一只猫。哪怕遇上了车祸现场，她也要嘟起嘴唇美美地自拍一张，再修好图片发朋友圈。

将孩子扛在肩上的成年人，低头玩手机，不看路。他看手机看得太入迷，完全没意识到孩子已经被路旁的摆设撞倒在地，而他自己也撞得头破血流。

医生一边给病人打针，一边玩手机；消防人员救灾之时，手里始终攥着手机；……

这部短片虽然夸张，却又仿佛是现实人生的写照。现代人似乎都生活在手机里，永远有层出不穷的新鲜事物在侵扰、分散着我们的注意力。手机像磁铁一样吸引着每个人的眼睛、脑袋，它切断了人与人之间的关系，也让大家慢慢遗忘了最初的梦想。

美国艾奥瓦州立大学的恰拉尔·耶尔德勒姆等人针对"无手机焦虑症"设计了一份问卷，301名大学生自愿接受了问卷测试。结果初步显示，女性对手机的依赖越来越高，这一群体中"无手机焦虑症"患者比例比男性足足高出3.6倍。

有些女孩走哪拍哪，她们忙着用镜头记录美食和风景，却忘了用眼睛去接纳，用心灵去感受。她们像强迫症一样不停更新着朋友圈动态，不断点击着各类资讯，吃饭的时候一定要边吃边聊微信，上班的时候也时不时低头看一眼手机，甚至洗澡的时候也不忘带上手机。

然而，手机实在是"杀时间"的利器，仅自拍这一项手机功能，就足以浪费你不少时间。英国专家研究后发现，英国人每周花在自拍上的时间平均达35分钟。对于重度手机依赖症患者来说，耗在手机上的时间更是不可计数。

从某种意义上来说，手机让"低头族"们成了虚拟世界中的狂欢者，现实生活中的"盲人"和"聋子"。有多久，你没和身边的伴侣好好畅谈人生了？你们哪怕坐在一起，也会各玩各的手机，你逛你的淘宝，他玩他的游戏，相对无言，彼此成了各自世界里的陌生人。

有多久，你不曾为事业酣畅淋漓地拼一次？你在网上抱怨着现实世界的艰辛，殊不知这份"苦大仇深"早已麻痹了你的进取心。你几乎将所有的时间都耗费在那个小小的屏幕上，沉浸在那一时的愉悦中，却早已忘了人生真正的目标。

你应该做的，是放下手机，集中注意力，好好地为未来拼一次。记住，手机可以成为生活的工具、拐杖，却不能成为逃避现实的渠道，万万不可被手机支配了人生。

陈芸是复旦大学的高才生。有一天，她突然在朋友圈里发言称："我被手机'绑架'了，并已病入膏肓。"随后，陈芸发布了长文，详细描述了自己被"绑架"的过程，以及自救的若干方法。她说，曾经的自己是"手机软件达人"，最爱做的事情是类比、测评各种手机软件的功能。而她的手机上，装满了拍照修图软件、记账软件、购物软件、旅行软件……

她还热衷于发朋友圈，为了想出合适的文案，她字斟句酌地抠着字眼。每张图片都会精心修过再按发送键。这种状态持续了两三年后，陈芸猛然发现，她沉迷手机的这段日子里，她的人生毫无进步，甚至在倒退。一直以来都很优秀的她原本对这个世界充满野心，如今那份事业心却早已被手机消磨得所剩无几。

长时间的深思后，陈芸制定了一份脱离手机的计划。她删掉了大部分手机软件，只留下少部分拥有时间规划、运动健身、阅读等功能的手机软件；她一面抗拒着手机的诱惑，一面尝试将所有的注意力都集中到工作上，连休息时间也不忘"充电"。

一段时间后，陈芸自觉效果甚好。朋友圈里那篇救赎长文引发了很多朋友的热议和感慨。这件事后，陈芸毅然关闭了朋友圈。

注意力堪称现代人最宝贵的工具，你应该将这珍贵的注意力聚焦于自己的成长，而不要将其浪费在那些纷繁杂乱的信息和各种浮华怪诞的视频上。

手机的发明是为了方便我们的生活，如果让它支配了人生，无疑是一件悲哀的事情。你要果断地放下手机，停止依赖，为现实世界空出更多的时间和注意力。你要拼尽一切去摆脱"低头人生"，用双手开创出属于自己的真正丰富而又充实的人生。

对你不情愿做的事情要大声说不

毕淑敏在谈到拒绝的时候曾说："拒绝是一种权利，你那么好说话，又有谁能体谅你？生活本就不容易，很多时候，你舍弃了自己宝贵的时间，却被那些利用你善良的人们压榨，于他们而言，你所做的事都不值一提。"

身为女人，你要有融进血液的自信，刻进生命的坚强，更要有拒绝别人的勇气。对于不情愿的事情，千万不要委曲求全抑或虚与委蛇，而要守住底线，第一时间说"不"。

民国才子费孝通一度苦恋杨绛。面对费孝通过分热烈的追求，杨绛一再拒绝。在与钱钟书成为恋人后，杨绛特意给费孝通写了一封信，言辞冷淡，从此断绝了费孝通的念想。

钱钟书去世后，费孝通多次携书拜访杨绛。每一次，他都会将自己写的书送给她,请求她指正错误。杨绛明白这只是借口,可她仍无意接受费孝通的感情。

于是,一次送客的时候,杨绛婉言道:"楼梯不好走,你以后也不要'知难而上'了。"费孝通瞬间听出了杨绛的言外之意,只得将一腔情意埋在心里。

很多女性骨子里住着一只"小绵羊",从来说不出拒绝别人的话。面对那些不合理的要求,她们往往委屈地应承下来,事后却又抱怨不休。

为了赢得别人的关注和尊重,为了展现自己的价值,你一味唯唯诺诺地讨好别人。然而,这种只靠单方面付出来维系的人际关系只会让你变得精疲力竭。

那些令你无法忍受的事情不会主动逃离你,你要么第一时间回绝,要么放弃抱怨。是否还要按部就班、低声下气地过着这种不情愿的日子,选择权就握在你自己的手上。

你要改掉"老好人"的思维模式,改掉那种一味应承不会说"不"的习惯,学着去拒绝那些令你反感的事情。当然,聪明的女人不会莽撞,她们极其讲究拒绝的方法。

你要明白,改变是循序渐进的。无论是在生活中还是在职场中,我们都要积极听取别人的意见,保持互相帮助的传统,这无可厚非。然而,面对那些刺耳的意见,你要心生警惕,要汲取其中营养的部分，摒弃其中不合理的地方，不要照单全收。

乐于助人也要秉持"力所能及"的原则，如果你因为帮助别人而影响到自己正常的生活和工作，那无疑是得不偿失的事。帮，也要有技巧地帮，不要一味傻傻地付出。当然，思维转变的过程是缓慢的，你要时刻记得提醒自己，并及时矫正自己的行为。

你更要守住底线。性格柔软、很好说话的女性会成为大多数人求助的对象，因为她们极其容易退让。如果你也是这样的人，一定要明确底线，面对那些你看不惯的事情或者请求，不要退让。你退一步，对方就会得寸进尺成百上千步。

如果你给人留下底线模糊、底气不足的印象，麻烦就会缠上你。明智的做法是：与人交往的过程中，底线要明确，态度要坚决。

当然，拒绝也要因人而异，讲究方式方法。拒绝是一门艺术，如果对方脸皮薄、好面子，你就不能不留余地地强势"硬怼"，要委婉一点，让对方知难而退。

如果对方是个"油盐不进"的泼皮无赖，你一定得摆正态度，正面回绝。千万不要含糊回避、闪烁其词，这会给对方得寸进尺的借口。

曾有一位平凡的黑人女裁缝第一次对白人说出了"不"，她的勇气震惊了世人，历史也因她而改写。

罗莎·帕克斯是美国一名黑人女裁缝，1955年12月1日，她乘上了蒙哥马利市的一辆公共汽车。那时候蒙哥马利市还在实行种族隔离，座位有着明显的界限。白人可以大摇大摆地坐在前排，黑人被要求坐在后排，而中间属于"灰色地带"。

黑人可以坐在"灰色地带"，但若有白人提出要求，黑人必须起身让座。那一天天色已晚，狭窄的车厢里挤满了人。一位白人男子见前排座位已被坐满，便冲着正坐在"灰色地带"的帕克斯嚷嚷了起来。他要求她让座，她却果断拒绝。

司机也冲着帕克斯大喊大叫，要求她让出座位。帕克斯周围的三名黑人都站了起来，唯独她一脸倔强地坐在那儿，一动也不动。之后，帕克斯因"藐视白人"的罪名被捕，然而她还是口气坚定道："我只是讨厌屈服。"

帕克斯的被捕引发了一场大规模的黑人抵制公交车运动，这彻底打破了黑白人之间的种族界限。因一个勇敢的"不"字，帕克斯从此被尊称为"民权运动之母"。50年后，美国国务卿赖斯说："没有帕克斯，我不可能站在这里。"

愿每位女性朋友都能拥有帕克斯的觉悟，摒弃骨子里的懦弱，改掉"取悦别人"的习惯。不想做的事情不要勉强，令你反感的要求坚定拒绝。善待自己，才能活得从容淡定。

超负荷的身体，也需要减负

很多女性将这样一句话视为最佳励志箴言："对自己够狠的女人，才能活得高级。"这话倒是不错，可你若是钻了牛角尖，便只能得到相反的结果。

有些女性为了保养身体，对各种保健资讯深信不疑，原本温馨明亮的家被她们改造成"无菌室"，一进家门便是一股消毒水的味道。殊不知抗菌过度反而会导致人体免疫力下降。有的人为了减肥，盲目吃减肥药、酵母，最后脂肪没减成，身体反倒越来越差。

她们一慌，又开始信起了"吃什么补什么"的古话，什么保健品、维生素、四君子汤、十全大补汤，包括各类偏方都试了一遍，恨不得一天之内补足气血。

还有些爱美的女性为了令肌肤娇嫩，毫不犹豫地将大把大把的"银子"换成了护肤品。保湿水、营养霜、精华液、隔离霜、眼霜、面膜等等一样不落。然而，再折腾也挡不住岁月这把杀猪刀。你这般胡来，就算是铁打的身体也吃不消啊。

另外，健身运动的兴起让很多女孩不约而同地走进了健身房。虽说运动有益健康，但一次或者多次超负荷的运动，反而会对心脏、骨骼造成很多危害。贪多嚼不烂，欲速则不达，聪明的女人做任何事情都会记住"适时适量，适度适合"的原则。

人生需要断舍离才能获得自在。你若是放下了种种执念，即使不去刻意减肥，体重也会慢慢降低。你若学会脱离焦虑的心态，将身心调节至最佳状态，即使不用刻意保养，不用过度运动，梦寐以求的健康、活力也会常伴你左右。

林莹自诩为精致的女人，她每天都会在脸上涂抹十几种不同的护肤品。而她坐在摆满瓶瓶罐罐的桌子前拍打、按摩脸颊的样子更是丈夫沈军最熟悉不过的场景。

有一次，沈军实在忍不住了，说："我刚刚算了下，你每天都要在脸上涂抹至少200种成分，好奇你的皮肤怎么承受得了？"林莹白了他一眼："你懂什么？用足了手段皮肤才水灵。"

平日，林莹还喜欢炖各种加了中药的补汤，逼着丈夫和儿子喝掉，搞得父子俩苦不堪言。然而，只要他们多说两句，林莹必然动怒。林莹自己每天都会喝蜂王浆，同时恨不得将据说有抗衰老功效的葡萄籽当饭吃。她将每天食用一碗银耳红枣羹的习惯延续了很多年，奇怪的是，人到中年的她脸上反而长了密密麻麻的痘痘，怎么也消不掉。

在丈夫的劝说下，林莹终于去医院看了皮肤科医生。了解了她的生活习惯后，医生哭笑不得："你很少喝白开水，却摄入了过多的糖分，难怪会长痘痘。而且你那些烦琐的护肤手段反而损害了皮肤自我保护的屏障，赶紧先停下来。"林莹听从医生的建议，将护肤品精简至一种，平日吃的各种保健品、汤羹也都停了下来，不到一个礼拜，她脸上的痘痘就消了大半。

凡事过犹不及，将这条法则运用到身体的保养上，也是一样。这就是为什么有的女孩面膜贴得越勤肤色反倒越差的原因。

对于现代女性来说，有意识地给身体减负，是当前最重要的事情之一。如果你正觉得不堪重负，不妨尝试以下方法，给身体来一个全面的"断食"，让每个细胞都得到充足的休息。当人生由"加法"进阶到"减法"这一阶段后，你的周身都会变得自在清爽起来。

1.记得丢掉各种天花乱坠的偏方、保健品和补品，如有必要，就去咨询专业医生。与医生一起商定一个长期的科学的保养计划，循序渐进，慢慢让自己的状态"回春"。

2.减少各种护肤步骤，逐步摸索，找到最适合自己的护肤品。而不要"荤素不忌"、用力过猛，拿钱包里的钱不当回事，或者拿自己的脸当"试验田"。

3.索性让身体彻底休息几天，期间放弃一切保养的手段。以此作为起点，之后再慢慢调整，改变之前的生活习惯。这个过程中，切记要均衡饮食，合理运动，作息规律。

女性除了要给身体减负外，还要尝试着去给心灵减负。很多女人总是抱怨"心累"，而心累的原因在于脑海中的杂念过多。一旦她们懂得清除杂念，调整节奏，换个健康的生活方式，即使生活、工作中的压力再大，心情也是愉悦轻松的。

清除杂念说起来简单，做起来却难。你首先得让自己变成拿得起放得下的女人，脑海中的千思万绪才会渐渐平复下来。所谓"拿得起放得下"说穿了无非是不受环境影响，不为他人而活，不因一时的风光而得意忘形，也不因一时的失意而抑郁沮丧，始终干脆、果断、勇敢。

有些人觉得只有生活空间的整理和非必要物品的丢弃才是断舍离的表现。事实上，让超负荷的身体减负，让累积在心灵上的垃圾一扫而空，凡此种种，都蕴含了断舍离的真谛。人生，离不开断舍离。只因这套法则是增加幸福指数、提升生活质感的秘诀。

第七章

余生太短，
要和优秀的人在一起

近朱者赤，提高身价就要与优秀的人为伍

.

古语云"近朱者赤近墨者黑"，你选择加入的朋友圈对你的人生有着巨大的影响。和优秀的人为伍，你也会变得坚韧起来；和三观不正的人交朋友，只会使自己误入歧途。

有人说，《甄嬛传》其实是披着宫斗剧外衣的女性职场剧，后宫里不同女人的结盟、站队、抉择，决定了她们或荣或衰的结局。正如孔子所言："无友不如己者。"交友，一定要交品行端正，比自己更加优秀的人。

安陵容妒忌甄嬛的家世、相貌，渐渐与其生嫌隙。于是她暗地里加入皇后的阵营，三番五次陷害甄嬛。后来安陵容干脆和甄嬛撕破脸面，正式对抗起来。

而甄嬛却与端妃、敬妃交好。端妃娴静温和，敬妃老成稳重，

都是一等一的聪明人物。在端妃的点拨和敬妃的帮助下，甄嬛一步步成长起来，后来更登上后宫权力的巅峰。反观安陵容，从始至终都被皇后当成棋子。后者教给她的，全都是一些阴毒手段。在后者的影响下，她变得越来越阴暗龌龊，狠辣至极，最后落了一个自戕的结局。

很多女性只和比自己差的人做朋友，即使身边的优秀女性向她们发出善意的信号，她们也拒绝接受。这是因为她们无法面对内心的嫉妒，别人的光芒仿佛是横在心里的一根刺。

像安陵容这般背叛朋友、倒戈敌营的做法更是极端，她如此针对甄嬛，不过是妒忌对方处处超过自己。如果她能放下这份嫉妒，与甄嬛结为真心好友，努力汲取对方身上的种种闪光点，并与其并肩作战至最后，想必也能苦尽甘来，获得一个圆满结局。正如剧中原本卑微的欣嫔，她欣赏甄嬛的勇气，坚持与甄嬛为伍，反而成为剧中"四大赢家"之一。

和优秀的人做朋友，看到的是不一样的世界。这样你们聊的话题才不会始终围绕着"公公婆婆、老公和孩子"。她明白你对这个世界的渴望，也能一眼看透真实的你是什么模样。

她能坦诚无私地帮你分析利弊，鼓励你勇敢地迈出舒适圈；也能瞬间化身毒舌女，不留情面地指出你不切实际的幻想。和她在一起，连喝咖啡的时光都变得有趣起来。

有句话说得好："你是谁并不重要，重要的是你和谁在一起。"

否则古时候的孟母，又为何不怕麻烦地一迁再迁呢？你的朋友足以影响到你一生的发展。

　　与美貌的女人为伍，你也会变得越来越好看。当然，她们带给你的影响，绝不只变美这么简单。白皙的皮肤离不开日复一日地保养；完美身材的背后全都是汗水。女人清丽的外貌，优雅的装扮，彰显的是她骨子里的那份自律。记住，和美貌的女人做朋友，绝不是肤浅。

　　与"职场女魔头"为伍，你也会变得越来越独立、干练。在职场历练多年后，为什么有些人offer拿到手软，有些人却守着一份基础的工作毫无长进呢？只因前者有着超强的耐心、上进心和责任感，而后者却懒散、消极，抱着"鸵鸟心态"不撒手。

　　与"职场女魔头"交朋友，也许一开始你会觉得痛苦、压抑，但后来你一定会享受起这段友谊。在她们的鞭策下，在她们潜移默化的影响下，你的工作能力也将一再增长。

　　与社交能力强的女人为伍，你也会变得自信、开朗起来。在这个越发繁荣的现代社会，社交能力堪称人生逆袭的最大助攻。有些女孩是天生的社交达人，和她们在一起，你能接触到不同圈子的朋友，认识不同的文化，见识到不同的风景。

　　和她们在一起，慢慢地，你懂得了欣赏自己独特的美好；慢慢地，你不再封闭自己的世界，不再抗拒外界的阳光与善意。和她们在一起，你才发现人生原来可以如此丰富多彩。

邓文迪的"闺密团"堪称强大，她与美国"第一女儿"伊万卡的友谊持续了12年的时间。很多人评价说，邓文迪与伊万卡之间并不是虚假的塑料姐妹情，正因互相欣赏、互相扶持，她们的亲密关系才延续至今。

伊万卡曾称邓文迪是"可以激励你努力工作，积极向上，同时还能让你开怀大笑的好朋友"。伊万卡佩服邓文迪自律的作风，坚韧的性格；邓文迪也欣赏伊万卡优雅的姿态，完美的性格。如今，两人都成为大众眼里事业出众、光芒万丈的优秀女性的代表。

约旦最美王妃拉尼娅也是邓文迪的好友。邓文迪说，她第一次认识拉尼娅的时候，便被她身上的那股韧性和强大的气场所吸引。几次交谈下来，她产生了要和对方做朋友的迫切欲望。这也是她们友谊的开始。

而自从与时尚界的"女魔头"安娜·温图尔成为闺密后，邓文迪的时尚品位明显上了好几个台阶。有一次奥斯卡颁奖典礼前夕，媒体好奇邓文迪会穿什么衣服走红毯，邓文迪笑着回答说："安娜帮我找了件衣服。"

优秀的人好像一团璀璨的火焰，永远在吸引着身边的人向前迈进。与优秀的人为伍，学习他们身上的优点，并将它转为自己的长处，你也会成为生活中的强者。

当然，抱着趋炎附势的目的去交朋友，就算成就了一份友谊，这样的友谊也经不起考验。交友应该是一种单纯、诚挚的行为，两颗真心碰撞在一起，自会激发出惺惺相惜的情谊。你要牢牢把握住交友的主导权，只因一个人能走多远，得看她与谁共舞，又与谁同行。

女人的朋友圈决定她的品位

　　女人，拥有自己的"圈子"是一件十分重要的事情。而不同层次的朋友圈往往彰显了不同的态度、选择和品味。这其实是说，你的朋友圈决定了你的人生层次。

　　王芬在微信同学群里看到大家正在热火朝天地讨论着年会穿着，正好她们公司也在准备年会，不由得饶有兴趣地加入了讨论。正在世界五百强公司工作，事业发展出色的宁蕾抱怨说："可惜我最近胖了，怕是穿不进最小尺码的礼服了。"

　　说着，宁蕾特意晒出几张照片，只见照片里的女孩个个身着隆重的礼服，妆容精致，举止优雅。王芬有点惊讶，她翻了翻自己的朋友圈，不由嘀咕道："年会不应该是大家聚在大圆桌旁吃顿晚餐吗？看来大家真不是一个世界的啊。"那一天，不断有同学晒出自家公司的年会照片。王芬想象着她们如今精彩丰富的生活，不禁有些失落。

　　年会档次的高低，反映的是一个公司格局的大小。而朋友圈的层次，一定是你现有生活层次的体现。

　　"物以类聚，人以群分"是老生常谈的道理，这其实是说：你的性格多多少少会影响到你的交友选择。而你被什么样的人吸引，会和什么样的人发展友谊，这些都是你交友品位的体现。

　　有人说："圈子决定命运。"的确如此，普通人的圈子，谈论的永远是鸡毛蒜皮的琐事，张家长李家短，絮絮叨叨，一地鸡毛；事业强人的圈子，谈论的却是项目和机遇，是大开大合的命运，更是大起大落的人生。你所在的圈子，可以从侧面反映出你的品位、格局和眼界。

　　某网络红人在文章里这样写道："人最怕的就是圈子太没档次，大家都不成长却还乐在其中。"如果你的闺密天天将"嫁个有钱男人"挂在嘴上，最关心的事情是又淘到了几件好看的衣服，又做了个好看的指甲，那么你极有可能也有着相同的趣味。

　　等过了30岁，再去盘点盘点朋友圈你就会发现，朋友此刻的状态正映衬着你的生活态度。不主动优化自己的社交圈，不主动去提升交友的品位，你迟早会被这庸俗不堪、负能量爆棚的圈子消磨掉一身锐气。不妨尝试着换个环境，尝试着去欣赏不同的风景。

　　有魅力的女人，首先要懂得经营自己的社交圈。翻开她们的朋友圈，通过照片和文字，你会发现不同的生活现状、不同的人生目标和应对挑战的不同姿态。以上种种，堪称形形色色、琳琅满目，各有各的美丽，各有各的精彩。

她们的朋友圈里少见浸满抱怨情绪的言论，亦没有单纯展示高档次物质生活的浮夸照片。有的都是从容平和的心态和对平凡幸福的最炽烈的热爱；有的都是对人生更高境界的孜孜不倦的追求和对愈加深厚丰富的精神世界的探求与渴望。

民国才女林徽因也有她的朋友圈，只不过不是在手机上，而是在她的客厅里。所谓"谈笑有鸿儒，往来无白丁"，这正体现了林徽因在交友方面极高的品位。

20世纪20年代，林徽因一家定居在北京东城一座幽静典雅的四合院里。她的很多好友都住在她家周围，比如清华教授金岳霖等。

某个星期六下午，当时中国知识界的文化领袖、文人雅士们如往常一样，沐浴着阳光，三三两两步入林徽因和梁思成的客厅。大家聚在一起喝茶、吃点心、聊天，无拘无束，自由畅快。胡适、金岳霖、沈从文、朱光潜等人都对梁氏夫妇的会客厅熟悉无比。

第一次走进这间客厅的萧乾在当时还只是个无名小子，他形容自己"就像在刚起步的马驹子后腿上，亲切地抽了一鞭"。在了解了他的志愿后，林徽因与他畅谈良久，一直鼓励他将文学创作继续下去。而徐志摩当年在北平参加的最后一个活动，亦是"梁家茶会"。

梁思成和林徽因的女儿曾回忆说："每到周末，许多伯伯和阿姨都会来我家聚会，他们大都是清华和北大的教授，曾留学欧美，回国后分别成为自己学科的带头人，各自在不同的学术领域做着开拓性和奠基性的工作。"优秀的人的朋友圈，向来"星光熠熠"。大家不计身份地位，摒弃繁文缛节，进行着一场又一场灵魂交流。如此才能相互进步、共同成长。

一个女人的品位，既取决于她爱上什么样的男人，又体现在她会与什么样的人建立友谊。我们要做的是与智者为伍，修炼品位，同时也要成为别人眼中值得交往的朋友。

让你的圈子里多些乐观的人

也许你身边有着这样的女性朋友：工作屡屡拖延，无法赶在截止期限前完成，受了批评后逢人就抱怨说老板对她苛刻，工作环境太过压抑；对旁人的优秀、幸福抱着一副尖酸刻薄的态度，总是"酸"气冲天，自怨自艾却又不愿意努力；……

如果你的朋友圈里尽是些这样的人，那么你该反思一下自己了。你与她们是否一样，喜欢四处播撒负面情绪？你是否受到她们的影响，连带着整个思维模式都在向她们慢慢靠拢？无论如何，都请你立刻远离这样的朋友，让自己的社交圈变得健康起来。

看过电影《冷山》的人都会为男女主角的爱情故事所感动，但在这部电影中，女主艾达与朋友露比之间的友谊亦给人们留下无限思考。

艾达带着刚出生不久的孩子，在凄冷的乡村等待着丈夫的归来。她原本是大户人家的小姐，习惯依靠别人，根本没有在艰苦环境中独立生存的能力。父亲与丈夫的离开让她的生活陷入了难堪的境地，为此，她终日都郁寡欢，彷徨不已。

乡村女孩露比的出现改变了她。露比生性坚强、乐观，她对生活的热情、对大自然的热爱深深感染了艾达。艾达发现，原来只要转变心态，生活也可以变得如此有趣。在露比的帮助下，艾达逐渐走出了困境，重新振作起来。她发誓要重建家园，重铸昔日的美好。

和充满正能量的人在一起，无形中自己也变成了积极向上的人。如果露比不曾"闯"入艾达的生活，艾达根本挺不过那凄苦、冷峻的现实。

个体一定是环境的产物。意思是说，你身边的朋友会对你的世界观、人生观、价值观造成直接的影响，乃至决定你的一举一动。你选择和露比这样的人交朋友，就是在选择一种积极乐观的生活方式和思维习惯。所以，让自己的圈子里多些乐观的人吧。

人们总说，女性是感性动物。只因从某种程度上来说，女性更容易被情绪所控制。与负能量的人待在一起久了，你的心胸会变得越来越狭窄。你也开始习惯用抱怨、谩骂甚至是诅咒的方式去宣泄自我情绪。然而，一旦做了情绪的奴隶，精神上便无半点自由可言。

有些女孩功利心较重，她们认为只有在朋友身上捞到了实质性的好处，这段友谊才值得珍惜。这种想法无疑是错误的。哪怕仅仅只是与积极乐观的人待在一起，简简单单地来一场交谈，你也能够从中汲取到力量。所有的一切，只因她们永远在向你展示这世上最美好的一面。

反之，与一个生性悲观，喜欢用抱怨来表达情感的人待上短短的十分钟，你定会产生逃离的冲动。一旦你习惯并开始认同起这一类人的思维模式，事情立马变得可怕起来。你唯一要小心的是自己的"能量"会不会被间接耗尽。

记住，你圈子里幸福积极的人越多，你自己的人生也会变得越来越顺利。当然，交友的过程中，还有其他一些值得关注的问题。

比如说，不要错过结交新朋友的绝佳时期。学生时期的友谊其实有着一定的局限性，你无法掌握所有的主动权。一旦利用好20岁至30岁这一段黄金交友时期，你的社交圈便会变得丰富起来。别到了三十几岁之后才想起去结交对自己有帮助的朋友，这样很容易受到别人的排挤。二十几岁的时候就该积极尝试新领域，主动靠近乐观的人。

30岁便到了筛选朋友圈的时候，留下那些给你带来积极影响的、值得深交的优秀朋友，花更多的时间去维护你们之间的友谊。

当然，你也要积极提高自身的水平，努力让自己变得更乐观，更有力量。根据吸引力法则可知，如果你本身就是积极乐观的人，围绕在你身边的一定是一群积极向上的朋友。如果你消极悲观，抑郁到了骨子里，那你只能吸引来一批比你还"丧"的人。

如果你讨厌那些整天发牢骚的朋友，首先你应该让自己的心态变得乐观起来；如果你憎恶与那些缺乏安全感的人过日子，就要先将焦虑的情绪从自己的脑海中过滤。常怀感恩之心，积极寻求平凡生活里小确幸的你，在朝着梦想披荆斩棘、不停迈进的过程中，定能收获惺惺相惜的友谊。

如果将友情比喻成一道"数学题"，请记住，负负并不能得正。如果你本身不够坚强，就要主动靠近那些拥有正能量的人。一个乐观的朋友能引领你的行为，一段坚固、健康的友谊能拯救你的灵魂。对于普通女孩来说，这比任何财富都有用。

提升自己的"档次"，吸引更有价值的人脉关系

某社交网站上有一个热门话题："为什么优秀的人总是不合群？"而最经典的答案是："优秀的人也合群，只是他们合的群里没有你。"

这话一点都没错。不止爱情讲究门当户对、势均力敌，社交也遵循着同样的准则。试想，优秀的人凭什么和你做朋友？问题的答案显而易见：只有先成为最好的自己，优秀的人才会被你吸引。当你足够强大的时候，站在身边的一定是同样强大的人。

所谓的优秀，既表现在物质世界，亦表现在精神世界。与比自己高一"档次"的人交往的时候，你往往会感到焦灼不安。这是因为你们生活的层次截然不同。

很多女性朋友都曾有过这样的体验：与曾经的好友渐行渐远。当对方在聊着财务自由的时候，你却在犹豫着该去哪儿寻找下一份工

作；当她用繁忙的工作和不间断的学习来扩大自我生命维度的时候，你却在过着三天打鱼、两天晒网的日子。

这样的差距让你们根本无法将无话不谈的好朋友关系延续下去。顺着这样的思路来想便知：想要获得更有价值的人际关系，最直接的方法一定是极力提高自己的"档次"。

获得友谊的重点不在于不计一切地扩大社交圈，只因光靠巴结讨好得来的友谊其实是脆弱而廉价的。与其挖空心思去结交朋友，不如将这时间和精力用来充实自我。

知名发型师刘珈纭毕业于一个普通的职高院校。学历平平的她从发型师助理做起，一直梦想着成为顶尖的发型设计师。那段时间，珈纭天天为客户洗头，时刻跟在发型师身边观察，并反复练习着烫染、剪发的技术。

每到秋冬季节，珈纭的双手开始干裂、流血。尽管日子过得很苦，但她却甘之如饴。当然，她远远不满足于此。在做好本职工作之余，珈纭经常一个人琢磨着最新流行的趋势，不断买专业书籍来参考学习。3年后，珈纭终于正式晋升为发型设计师。

她不断提升着自己的造型水平，职业道路越走越宽。后来，刘珈纭成为电影《最好的时光》女主角的御用定妆造型师，很多著名艺人都被她深厚的造型功力所折服，与她结为好友。

对于二十多岁的年轻姑娘来说，专业好比"利刃"，而人际关系则是事业成功的秘密武器。如何经营人际关系，则成了胜负的关键。想要抓住有用的人际关系，先得提升自我竞争力。

与其怨天尤人，不如行动起来为更好的明天奋战不停。那些让你羡慕不已的女神，哪一个不曾赤脚走过遍生荆棘的道路？哪一个不具备极大的意志力和执行力？

当你默默无闻之时，最重要的是提升自己的职业技能，让自己成为行业精英。如果你还在抱怨自己为公司付出了很多却没有得到相应的回报，那么你一定不具备"不可取代性"。

想要在职场中步步高升，定要时时走在别人的前面。只因机会永远只留给有准备的人。等有一天，你站上了行业顶端，身边的资源自然而然会变得繁多、"高档"起来。

从某种意义上来说，人与人之间的社交，其实是一种等价交换。你不知道平日里大家与你关系亲切，究竟是不是在维持表面上的礼貌。

别人为什么不愿意帮你？说到底还是因为你的"价值"并没有高到能让他们掏心掏肺。与其将时间花在这些不痛不痒的人际关系上，还不如用来丰富自己的生活。

你若是个灵魂丰盈有趣、足够优秀的人，对于同一高度的人来说便有着极其强烈的吸引力。这种惺惺相惜的友谊才值得维护、珍惜，才更经得起现实的考验。

热门电视剧《欢乐颂》中的樊胜美在朋友们眼中，是个不折不扣的"捞女"。她从事人事这一行多年，最热衷的事情就是结交不同领域的人，认识各种有钱的老板和条件出众的"优质男"。她为此沾沾自喜。然而，生活的大浪却将她击打得措手不及。

樊胜美的父亲突然病倒，急需一大笔钱治病。樊胜美不停地联系她的那些朋友以及形形色色的爱慕者。可是，那些所谓的有钱老板在听到她的请求后，纷纷搬出各种借口拒绝，这时候樊胜美才发现，她身边靠谱的朋友寥寥无几。

想与优秀的人结下深厚的友谊，首要前提是尊重他们，最好给他们留下诚恳、靠谱的印象。这并不是在教你一味点头哈腰、言听计从，而是在提醒你不要有功利之心，保持不卑不亢的态度，将守时、守信等优良品质发挥得淋漓尽致。

更重要的是，我们要善于向优秀的人学习。无论是在人生规划、时间管理还是工作效率等方面，那些成功者值得你我学习的地方有很多。记住，"羡慕嫉妒恨"纯粹是浪费时间，与其去嫉妒别人，不妨真诚地向他们请教经营人生的秘诀。

趁年轻，好好投资自己，全神贯注于自己的脚步。只有经历过一条"锤炼拷打"、充满艰辛的道路，才能站在人生巅峰。只有实现了自我的升华，才能让朋友圈"升级换代"。

想快速成长，就让上司成为你的伯乐

很多初入职场的年轻人打心眼里认为与上司成为朋友是遥不可及的事情，实际上，上司才是"职场伯乐"的最佳人选，他们能为你提供最可靠的机会。

刚进入社会的你，一切都需从头开始，你尤其需要注意经营好与上司的关系。这不是为了从上司那里获取实际的利益。资源也好，金钱也罢，远远不如一个成长机会来得宝贵。热播剧《北京女子图鉴》中的女主角陈可一生中遇到的最大的伯乐，莫过于她的上司顾映真。

陈可不甘心在小城市度过平庸的一生，于是满怀希望地来到北京，盼着凭借自己的双手赢取想要的生活。幸运的是，她遇到了顾映真。作为她的上司，顾映真手把手地教导她如何在职场上找到自己的位置，如何站稳脚跟。生活上，她对陈可亦颇为照顾。

顾映真将自己的房子以便宜的价格租给陈可，还拿出自己的名牌包包和墨镜与她分享。陈可失恋后，问顾映真男人是不是都很讨厌有野心的女人时，顾映真的一句话令陈可豁然开朗。她说："谁没有欲望，如果有一天你找到了一个跟你有同样欲望的男人，这些都不是问题。"

后来，陈可交了一个富二代男友，她自觉有了依靠，开始膨胀起来。跟公司的重要客户见面的时候，陈可态度冷淡，结果惹怒了客户。客户一气之下将公司列入了黑名单。

这时又是顾映真及时骂醒了她："才有了一点小小的成绩，就开始嘚瑟开始膨胀，你冷静想想你有什么资格膨胀，就是因为你找了一个有底气的男朋友吗？"

陈可能够遇到顾映真实乃幸运至极，后者阅历丰富，眼光毒辣，实在是陈可的良师益友。没有她多次为陈可拨开人生迷雾，指明道路，陈可不可能成长得那么迅速。

一些女孩自身很有能力，在她们看来，职场是靠实力吃饭的地方，只要实力过硬，她们定能闯出一片天地。工作中，她们独来独往，既不喜欢和同事攀扯关系，对上司也是敬而远之。殊不知，这无疑是在为自己的前行道路布下路障。

一位睿智、豁达的上司足以成为你的职场领路人，甚至是人生导师。与他们结下深厚的友谊，你能得到的不仅是"职场打怪"的技能，还能积累很多宝贵的人生经验。有他们来为你指点迷津，你便能更轻松地度过职场中的跌跌宕宕和人生中的起起伏伏。

所以说，不让要自己成为上司眼里的透明人。相反，你要学会和上司沟通，将自己的想法、意见及时反馈给他。同时，有了难题，要第一时间向他求助。

与上司搞好关系，还有一个明显的好处是：人际关系档次又上了一个台阶。通过上司的朋友圈，你的见识和阅历会得到飞跃式的增长。有了上司的帮助，你成长起来才会又稳又快。

很多女孩总是一边羡慕别人的职场之路频频出现伯乐，一边抱怨自己的上司为人严肃、苛刻，让自己吃了不少苦头。为什么两者之间相差这么大呢？

实际上，每个人遇到伯乐的概率都相差无几。进入职场后，你遇到的每一个上司，都有可能成为你的伯乐。如果他们没有成为伯乐，反而成为你的"敌人"，首先你应该先去审视自身，看看是不是你工作的态度、办事的方式出现了问题，或是你缺乏让伯乐关注到你的潜质。

你要从此刻起改变工作态度，积极主动地去完成工作任务。不要担心自己做不好，你应该朝着更好的目标去努力。只有足够努力，才能得到上司的信任和提拔。

你更需要改变的是自己的心态。在抱怨上司为什么不能成为你的伯乐的时候，先想想自己有什么能力，又能发挥怎样的价值，上司凭什么尊重和赏识你。

正如雅芳公司百年历史上第一位华裔女性CEO钟彬娴所言："有些人只是傻傻地等待好运临头，可机遇是等不来的。而我却不是这样，我建议人们要抓住能带你飞翔的人的翅膀！"

钟彬娴毕业于普林斯顿大学，为了增长阅历、磨炼耐性，她特意进入布鲁明戴尔百货公司做了一名销售人员。没想到，她竟然爱上了这份极富挑战性的工作。

她如饥似渴地吸收着各种销售知识，在平日的生活工作中反复练习与人打交道的技巧。飞速进步的她很快便取得了亮眼的业绩。同时，钟彬娴意识到，想要在这一行里脱颖而出，必须拥有广泛的人际关系网。倘若她能得到贵人的提拔，定能事半功倍。

正在这时候，钟彬娴遇到了公司首位女副总裁万斯。尽管只有寥寥几次会面，钟彬娴的落落大方却给万斯留下了深刻的印象。在之后的接触中，钟彬娴将万斯视为一个老朋友，万斯也对钟彬娴积极的工作态度、出色的职业技能颇为欣赏，她们的关系越来越亲密。

在万斯的帮助下，钟彬娴的晋升之路堪称畅通无阻。1987年，万斯带着钟彬娴跳槽到了旧金山的玛格林公司。5年后，她正式担任高级副总裁的职位，职业生涯再上巅峰。

钟彬娴的成功离不开万斯的帮助。当然，如果她身上不具备足够的本事与才能，也无法赢得万斯的信赖。对于我们而言，想要让上司成为人生道路上的伯乐，先得让自己变得闪闪发光起来。端正工作态度、修炼职业技能、积累人生经验都是让我们变得优秀的手段。这样的你，在遇到伯乐的时候，才能吸引他的目光。

女孩要跟比自己努力的人在一起

不知从什么时候开始，"努力""自律"这一类的词汇变得极不入耳，"世上无难事，只要肯放弃""努力不一定会成功，但不努力一定会轻松"这样的话却成为风靡一时的流行语。越来越多的年轻人自称为"佛系青年"，互相比着谁更"丧"，谁的境遇更惨。

努力的人不招人待见，上进的人屡屡受到嘲讽。大家嘻嘻哈哈，对未来表现出一副无所渴求的样子，似乎这样才算合群。然而，真正聪明的女孩却不会理会世俗的偏见。为了让自己变得更优秀，她们反而会主动靠近那些踏实努力、低调勤恳的人。

她们知道，这样的人即使暂时没有取得成功，其人生厚度和思想境界却是那些终日以"丧"自居、懒散盲目的年轻人所无法比拟的。和努力者并肩前行，你的梦想终会发光发亮。

北大才女刘媛媛曾写过一个小故事。故事的主角是以前的同事。这位同事不想继续待在老家，让刘媛媛帮忙留意合适的单位。这位同事比刘媛媛小几岁，毕业于北京一所知名大学。她是个手脚麻利、性格沉稳的姑娘，按照刘媛媛的预测，如果这个姑娘当年留在北京，定能取得不错的发展。然而，当初的她只在北京工作了一两年，之后便听从父母的安排回到了老家。

回去后，她的工作虽然清闲，工资却少得可怜。最令她烦恼的是，她周围的同事、朋友一个个都十分满足于目前安稳的日子，天天下班约她逛街打麻将。姑娘去了几次，事后却觉得后悔。在她看来，把这么多时间白白浪费实在是太可惜了，她宁愿待在家里看书，学点东西。然而，拒绝的次数多了后，朋友们纷纷在背后说她"装模作样""另类"。

姑娘知道自己不能再待下去了，她无比想念大城市里繁忙的节奏和"人人自危"的氛围。她对刘媛媛坦白心声道："我宁可当凤尾，也不想当鸡头。"

文章的最后，刘媛媛点评说："一定要到凤凰中去，即使当不了凤头也没关系，起码环境对于自身进步是很有利的，在鸡群中就是再努力哪怕当上了鸡头也做不了凤凰。"

对此，刘媛媛自己也有亲身的体会。一开始，她和很多书评写作者待在一起的时候会觉得有压力。别人的努力像一根根针一样扎在她的心上。可是，当她主动靠近、努力融入这些天赋高又努力的人的队伍时，她的心态慢慢有了转变，而她看向他们的目光也写满了欣赏。

她开始奋起直追，努力缩小着自己与他们的差距。不知不觉中，她的文笔有了显著的进步。后来，刘媛媛顺利成为富兰克林读书俱乐部的签约作者。第一次加入签约作者群的时候，她吓了一跳。群里人才辈出，堪称卧虎藏龙。

这些人中有颇受《人民日报》青睐的新生代作者，有出版过很多个人作品的青年作家，也有一边兼顾本职工作一边利用业余时间写作还能拿到极高稿费的"拼命三郎"。刘媛媛觉得惶恐又欣喜，她不断和大家交流着写作经验，积极收纳各种有益的建议。

经过此事，她坦言道："我喜欢到竞争激烈的地方去，喜欢跟比我更努力的人在一起并且享受那种压迫感，这样才能更大限度地激发潜能。如果发现自己总是跟一群令我觉得舒服的朋友在一起，心里反而要警惕一下，自己最近是不是没有任何进步？"

有人曾总结出一套"垃圾人定律"，依靠这套定律可知：你我身边存在着很多"垃圾人"，他们就像垃圾车一样，携带着沮丧、愤怒、妒忌、傲慢、贪心等情绪四处横冲直撞。对于这样的人，我们应该敬而远之，万不能受他们的影响，将自己也变成一辆"垃圾车"。

在奋斗的旅途中，越是努力的人越能招引"垃圾人"的嫉妒。他们将负面情绪一股脑地倾倒在努力的人的身上，希望同化后者，让后者陪着自己一起堕落。如果你也遇到了这样的人，最明智的做法是微笑，然后远离他们，坚定不移地走自己的路。

相反，你若是遇到了比自己还要努力的人，一定要主动靠近他们，一边汲取他们身上的优点，一边尽力跟上他们的步伐，一刻不停地奋勇向前。

80后作家周冲曾感慨道："而今的微信联系人里，多数是生机勃勃的年轻人，有斗志，不服输，情商、智商、野心都一直在线，其中不乏年薪过百万、活得姹紫嫣红的人。不得不说，处于这种圈子，你想停都停不下来。"

的确，对于年轻女孩来说，如果她们面对的是一个以"丧"为乐，不停恶性竞争的群体，那她只会变得越发堕落。她们聊的话题永远是谁比谁更漂亮，谁比谁的化妆品更贵，谁比谁走的捷径更多，……长此以往，她们只会慢慢退化成脑袋空空的"花瓶"。

严于律己的人总让人觉得踏实，值得信任。聪明如你，一定要和努力的人在一起，积极向那些比你心性坚定的人学习，并像他们一样，找准人生的最佳状态。

果断剔除朋友圈中的"杂草"

现代社会中，人人都将"朋友"二字挂在嘴上。然而，却很少有人懂得朋友背后真正的意义。那些人前吹捧你奉承你，背后却讽刺你藐视你的人，不值得你倚重；那些你风光的时候众星拱月般地簇拥着你，你落魄之时却冷嘲热讽乃至倒打一耙的人，不值得你珍惜。

朋友二字越是重于千金，你在交友之时就越要慎重小心。朋友圈中的"杂草"应果断拔除，不要磨不开情面，犹犹豫豫。从这一点而言，张爱玲与炎樱的"绝交往事"给了我们很多启示。

1952年，张爱玲离开大陆去香港，期间又转去日本投奔好友炎樱。当时的她刚刚从一段糟糕的感情中脱身而出，经济上很窘迫，看起来十分落魄。彼时，炎樱在日本经营着很大的事业，还有一位富有的船长向她求婚，可以说她正处于一生中最风光的时刻。

炎樱并未考虑到张爱玲此时的心情，反而处处炫耀、口气倨傲，这令张爱玲心生反感。后来她们先后到了美国。张爱玲去拜访胡适夫妇，炎樱自告奋勇陪同。之后她在外面打听了一番，对张爱玲说："你那位胡博士不大有人知道，没有林语堂出名。"炎樱口气中的傲慢刺痛了张爱玲，她赤裸裸的功利之心也令张爱玲皱起了眉头。

之后，张爱玲接受了作家赖雅的求爱。赖雅虽然满腹才华，却已到花甲之年，经济状况又很拮据。赖雅身体不好，三番两次中风，张爱玲心情灰暗，而此时的炎樱却不断地向张爱玲写信夸耀自己的富有与幸福。后来，张爱玲写给炎樱的信渐渐少了起来。

赖雅去世后，炎樱给孀居的张爱玲写信道："你有没有想过我是一个美丽的女生？我从来都不认为自己美丽，但George（炎樱丈夫）说我这话是不诚实的——但这是真的，我年幼的时候没有人说我美丽，从来也没有——只有George说过，我想那是因为他爱我……"

炎樱的自我夸耀已经变成了一种习惯，这是张爱玲主动疏远她的原因。而与此同时，张爱玲却与邝文美成为一生的朋友。邝文美性格内敛、沉稳，面对张爱玲之时，她向来温柔坚定，不像其他人一样"八卦"她的遭遇，只是很深刻地理解她此时的处境。

如果说朋友是一笔宝贵的财富，你要尝试着用"良币"去驱逐"劣币"。有的朋友，值得你拿生命结交；有的朋友，却不如放弃。他们是横亘在你前进路途中的荒草，阻碍你的视线，影响你的心情，吞噬你的意志，非但没有给你带去阳光，反而时时泼你一头冷水。

比如说，生活中很多姑娘虽然对身边的朋友掏心掏肺，朋友却对她们处处防备。后者总是习惯性地开一些"毒舌"玩笑，用以打击她们的自信，并时时炫耀自己的优越感。如果你也曾遇到这样的朋友，一定要及时远离他们。

曾有一则新闻在网络上引起一阵轩然大波。杭州临安的一个女孩因为被同窗好友偷偷修改了志愿而错失被心仪大学录取的机会。实际上，这个女孩一年前做出复读的决定，就是为了能够考上这所大学。这一年来，她没日没夜地努力着，眼看就要实现梦想，然而好朋友却打着"为她好"的旗号擅自修改了她的志愿。

女孩落榜后欲哭无泪，如果当初她交朋友的时候能够擦亮双眼，更慎重一点，怎么也不会落得这样一个结局。俗话说多条朋友多条路，但若交友不慎，却可能将自己的路堵死。

交友当然不分贵贱，但朋友却有好坏。第一条原则就是少与势利眼打交道。谁的一生不是起起伏伏？荣耀之时的前呼后拥代表不了什么，真朋友会在你得意的时候提醒你不要"忘形"，在你落魄的时候向你伸出援手，并默默陪伴在你身边。

真正的朋友不会在你伤口上撒盐，他们理解你的遭遇，总是耐心聆听你的倾诉。而势利眼们无论何时都关心他们自己超过关心你，他们好比随风倒的"墙头草"，从不会考虑你的感受，用不着你的时候更会将你一脚踢开。

你更不能和那些"见不得你好"的人走得太近。任何事情，他都要和你比一比。你好过他，他就会四处抱怨，就像是你抢了他的东西；你越是比不过他，他越发沾沾自喜趾高气扬起来。

不记恩情的人，请主动远离。有些人在面对别人帮助的时候，嘴里虽然客气地说着谢谢，心里却觉得理所当然，好像别人欠了他一样。你若有事寻求对方的帮助，他却端起架子来，一味推三阻四，不断拿话搪塞你。哪怕他真的帮助了你，也会天天将这份恩情挂在嘴上，宣扬得人尽皆知。与这样不记恩情、好大喜功的人交往，就要做好吃亏的准备。

不要将自己变成复杂人际关系网中的一只小蚂蚁，忙上忙下拼尽全力地去维护虚假的友谊。遇上了不值得信任的朋友，不妨像张爱玲一样，果断地远离他们。只因这世上最悲哀的事情莫过于，只拥有一个热闹的朋友圈，却没有一群走心的朋友。

第八章

在这个浮躁的世界，

你的坚持终将成就美好

当惰性来袭，再坚持一下

一篇小学生作文曾刷爆朋友圈，震惊了无数父母。文中描绘了一位懒惰、不知进取的母亲形象，光是它的标题就很"耸人听闻"——《我的妈妈是个没用的中年妇女》。

"我的妈妈不上班，平时就喜欢打牌和看脑残的电视剧，一边看还一边骂，有时候也跟着哭。她什么事也做不好，做的饭超级难吃，家里乱七八糟的，到处不干净，她明明什么都做不好，一天到晚就知道玩儿，还天天喊累。"

在这段的描述中，小学生对母亲的不满跃然纸上。对于一个女人来说，懒惰是贫穷丑陋的根源。当她成了母亲，懒惰连带着让孩子的童年生活也充满了阴影。

电影《七宗罪》将懒惰同傲慢、贪婪、暴怒、妒忌等排在一起，并称为人类的七宗罪行。当惰性来袭的时候，你唯一能够做的事情就是坚持一下，再坚持一下。

宋朝有位著名学者名叫陈正之，难以想象这位满腹经纶的学者曾是众人眼里的"傻子"。陈正之患有先天性智力发育不良症，学习东西要比别人吃力很多。几个字或是几十个字对于一般人来说很容易就能记住，但对他来说却很难，有时候认识的字多了还容易张冠李戴。一些浅显易懂的文章，别的同学读几遍很快就能倒背如流了，这对于他来说是件十分困难的事。他经常是读了几十遍，甚至几百遍还不如同学们读几遍读得好。因此，他经常受到老师的批评，同学们还给他起了外号叫"陈傻子"。

陈正之自己心里也清楚，但他没有气馁，希望自己能和别的同学一样，于是绞尽脑汁地想出一个好办法，那就是"勤能补拙"。读书时，别的同学读一遍，他就坚持读3遍、4遍、8遍，甚至更多……别人用一个时辰读书，他就多花上几个时辰研读，非要弄清文章原意。天天如此，从未间断。

皇天不负有心人，坚持不懈的努力终于得到了回报，陈正之博览群书，知识积累得一天比一天多，终于成为宋代著名的博学之人，以至于人们都尊称他为"陈学者"。

没有什么比无所事事、懒惰、空虚无聊更加有害的了。懒惰，像精神腐蚀剂一样侵蚀着你的毅力，直至全面摧毁你的生活。

有过来人曾一针见血地指出：比愚笨更可怕的是懒惰。生活中，很多懒女孩在面对外界质疑的时候，总会掷地有声道："我自己懒，那我就去找一个勤快的男人替我干活啊。"

殊不知，你将自己不愿意做的事情强加在另一半身上，日积月累下来，对方的怨气日渐增长，你们的关系很难经得住这般摧残。

要知道那些人人羡慕的女神，不知花了多少精力去维系这个称号。你从未付出，就梦想回报，天下哪有这般便宜的事？

想要变得漂亮，你就不能懒惰。有人说：女人30岁之前的容貌靠基因，30岁之后要靠自己。而你的阅历、素养、人生观等将直白地显现于你的外貌、你的言行举止。然而，一些女性哪怕出席一些重要场合，仍旧是一副不修边幅的样子。

在平日生活中，她们更是邋遢，粗糙，对自己完全不够用心。可是，只有勤于打理内在和外在的女人，才能迎来岁月的厚待。

想要变得优秀，更不能懒惰。人们总是喜欢为自己的"四肢不勤五谷不分"寻找借口。然而，再多的借口也改变不了这个事实：你屡屡失败的原因在于你克服不了身上的惰性。

蔡康永曾说："15岁觉得游泳难，放弃游泳，到18岁遇到一个你喜欢的人约你去游泳，你只好说'我不会啊'。18岁觉得英文难，放弃英文，28岁出现一个很棒但要会英文的工作，你只好说'我不会啊'。"你每每放弃，每每为自己的懒惰寻找借口，就失去了人生的选择权。

懒惰真的难以克服吗？其实，在人生中的那些重大时刻，只要你能坚持一下，再坚持一下，这份惰性就会一点点松动。记住，路就是这样一点一点被拓宽的。

在这个竞争愈发激烈的时代，只有勤快起来学会坚持，才能迎来属于自己的舞台。为了战胜懒惰，你可以从简单的事情做起，逐步养成勤劳的习惯。

意志力薄弱的人总是喜欢拖延，想要训练这方面的能力，不妨将一件简单的事情雷打不动地做下去。在此过程中，你一定要严格要求自己，不要遇到一点儿困难和阻碍就轻易放弃。

如果身上的惰性顽固得难以克制，不妨抱着"只做一会儿"的打算。学习的时候，如果你容易分心，无论如何，先劝说自己安安稳稳地在书桌前坐上10分钟。

确保这10分钟内全神贯注，也许，学习的兴趣就此被勾出来了。坚持不住的时候，劝说自己再坚持一会儿。很多个"一会儿"加在一起，学习的效果就凸显出来了。

有句话说得好，优秀都是熬出来的，潜力都是逼出来的。如果你不懂坚持的意义，如何摆脱人生的无力感？如何拥有属于自己的美好未来？

不怕千万人阻挡，只怕你自己投降

五月天的一首歌唱尽了坚持的力量："逆风的方向更适合飞翔，我不怕千万人阻挡只怕自己投降，我和我最后的倔强，握紧双手绝对不放……"

坚持才是这世上最难的事情，大多数人都在一遍又一遍地重复着半途而废的人生。明明说好了要减肥，最后却越减越肥；清晨想早起晨跑，闹钟"轰炸"了无数次也叫不醒一个呼呼大睡的自己；买来电子阅读器想看书，结果它被扔在角落里"吃灰"；……

有人说："不是因为看到了希望才去坚持，而是因为坚持下去才能看到希望。"坚持，简简单单的两个字，却成为横亘在普通人面前的一座大山。当然，它亦造就了无数真的勇士。

哥伦比亚女孩准丽·桑吉诺出生于1991年，因患有先天性四肢切断综合征，从一出生，准丽便是个四肢不全的孩子。这个噩耗让她的家人备受打击。准丽说，其实她在6岁的时候就意识到自己是个"与众不同"的孩子。她曾迫切地希望自己一觉醒来能长出手脚，当这幻想破灭后，她悲痛欲绝。直至她找到生存下去的意义，这一切才有所改变。

成长过程中，因频频遭受欺凌，准丽甚至想过要永远离开这个残酷的世界。幸亏母亲吉列米娜点醒了她，让她重新鼓起勇气去面对生活。为了证明自己没手没脚也可以无所不能，准丽从铺床、刷牙、穿衣这些平凡的琐事学起，一遍遍重复着那些简单的动作。她咬牙忍受住在这个过程中的种种痛苦与磨难，将自己的生活打理得井井有条。

她也曾有过放弃的念头，这时候，母亲总是温言抚慰她受伤的心灵。在母亲的帮助下，准丽变得成熟强大。她不仅上了大学，还成为小有名气的年轻艺术家及励志演说家。她用嘴拿着画笔画下无数明媚的风景；她奔波于世界各地举行一场场演讲；……

准丽的故事令人们大受鼓舞。接受采访的时候，她将自己的蜕变总结为：坚持。正如伏尔泰所言："要在这个世界上获得成功，就必须坚持到底，至死都不能放手。"

唯有坚持，才能翱翔长空，才能飘越苦海。在这条道路上，最可怕的不是命运无情的打击，而是你内心的怯懦与阴影。哪怕千万人阻拦在你面前，也不要失去逆流而上的勇气。

只因半途而废的人生，和咸鱼毫无分别。2007年，电视剧《士兵突击》的一句台词火遍大江南北。当单纯木讷的男主角许三多坚定地说出那句"不抛弃不放弃"的时候，无数观众湿了眼眶。这是军人精神的写照，更是人性中最可贵的闪光点。

人们对许三多最初的印象是固执与愚笨，而正是"不抛弃不放弃"，让他完成了惊人的转变。无视队友们的嘲笑，他风里来雨里去，硬是在草原中靠捡石头修了一条路；他守着空荡荡的军营，一个人出操、吃饭、训练，足足坚持了大半年；……

这样一个"笨人""蠢人"靠着惊人的意志力，一步步成长为最精锐的兵王。他比我们究竟多了些什么？答案就是坚持。

美剧《傲骨贤妻》的女主角阿丽西娅的成长故事也同样具有启迪意义。阿丽西娅毕业于名校法律系，原本，她是个天生的好律师，却为了丈夫和孩子回归家庭。多年后，丈夫沾染丑闻锒铛入狱，阿丽西娅不得不重回职场，从初级律师做起一步步重回巅峰。

阿丽西娅花了7年时间，收获了史无前例的成长。一路走来，她的艰辛、痛苦观众都看在眼里。她曾面临无钱缴纳信用卡账单的窘境，也曾深夜痛哭，再擦干眼泪继续以微笑示人。为了博得一线生机，她和年轻同事竞争着同一个工作职位，并为此不惜拼尽全力。

对于年轻女孩们而言，如果你自觉不够聪明，那就牢牢记住许三多的"不抛弃不放弃"，找准属于你的方向，学会他的坚持和努力。

如果那逝去的光阴，曾错失的机会让你懊悔不已，就从此刻起挺直腰杆奋勇作战。记住阿丽西娅永远自信的笑容和面对困境时端庄得体的态度，哪怕你面对的是暴风骤雨，也不要轻易放弃。

正如《傲骨贤妻》另一名励志女主戴安所言："当你一直在敲的那扇门终于打开，不要问为什么，而应该冲进去。没人会帮你把一切都打点得顺心如意，没人会欣赏你的消沉。事实就是这么简单。"英勇地走下去，再困难也要坚持。路再远，也不要放弃。

将人生看作是一场马拉松，一百个人有一百种跑法。只因不同的人有不同的天赋，不同的人会撞上不同的际遇。有的人身姿优雅，一路奔跑一路欣赏着美景，这令人钦羡；有的人埋头向前冲，将身边的人远远甩在身后。

无论你是前者还是后者，无论你是否能够成为这场比赛的冠军，都请记住：只要你的脚步从未停歇，只要你倾尽全力，坚持抵达终点，你就是胜利者。

世界不好意思一直拒绝你

一则流传多年的广告语点出了坚持的真谛："所谓追梦，就是在经历100次失败之后，第101次打火上路，让信念坚持下去，梦想总会实现。"不经千锤百炼，难以成钢成材。而雕塑自己的过程，一定伴随着令人难以忍受的疼痛。

而这疼痛，却是成长的必经之路。想要做成一件事，就去坚持。如果你想要变瘦，那就坚持到瘦下来为止；如果你想成为一名作家，那就坚持到写出满意的作品为止。永远不要问自己还需要坚持多久，只需坚定地、沉默地、永不停歇地走下去。

电影《乔伊的奋斗》改编自"拖把女王"乔伊的真实故事。这位传奇女性企业家的奋斗史告诉我们：你可以暂时被厄运击倒，你可以被命运拒绝百次千次，但所有你前进路上的障碍终究会成为你迈向成功的垫脚石。

乔伊小时候十分痴迷发明创造。为了让司机在夜间也能看得清小动物，她设计了一款宠物荧光项圈。那时候，乔伊才十几岁。这项发明获得了很多大人的赞赏，她正计划着要将它推向市场，然而人生中的第一次挫折来临了。哈茨山公司不久后就推出了类似产品，乔伊大受打击。她收起了对发明的兴趣，像其他女孩一样上大学、工作、嫁人生子。

乔伊从事过很多工作，比如航空公司订票员、服务员等，但没有一项工作与小时候的兴趣有关。1989年，乔伊和丈夫离婚，她带着3个孩子住在纽约长岛，生活得很辛苦。

她一边忙着工作，一边忙着家务，总是抱怨市面上的拖把难用。有一天，她突然灵机一动，脑子中闪现出一个"魔术拖把"的雏形。乔伊用一整年的时间来摸索、设计、实验，终于将"魔术拖把"的灵感变成了现实。她掏空了自己所有的积蓄，做了100只拖把。

后来在一次商品交易会上，乔伊将所有产品卖给了全球最大的电视与网络百货零售商QVC。开启了新事业的乔伊志得意满，没想到这竟是她遭遇挫折的开始。家人的责问、赞助商的不信任、合作伙伴的陷害接踵而来，乔伊没空伤心，她必须撑住局面。"魔术拖把"卖得不好，乔伊亲自上电视销售。她的咬牙坚持终于有了回报，短短20分钟内，她居然卖出了18000套。

乔伊的坚持为她赢得了源源不断的回报，她的人生从此改变了。而对于年少时候的放弃，乔伊经常表示后悔。她说，如果那时候的她不因一时的挫败而灰心丧气，而是义无反顾地将发明创造的兴趣坚持下去的话，之后的她就不必走如此多的弯路了。

真正的强者，从不害怕被这个世界拒绝。正是那些充满疼痛与孤独的经历成就了他们。曾有一则TED视频火爆网络，视频的主人公甲先生原本是个充满自信的孩子，然而，成长过程中被拒绝成了他最害怕的事情。因为这份害怕，他逐渐丧失了自信。

30岁那年，他鼓起勇气创业，结果遭受了投资人无情的拒绝。那之后很长一段时间里，他一直迷茫不定。长久的思考后，甲先生决定为自己的人生做出一点改变。

他开启了一个被拒绝的游戏：整整一个月里，他每天都会走出家门"寻找拒绝"。第一次，他向路人借100美金。望着路人狐疑的眼神，他迅速红了脸，落荒而逃。

第二次，他在汉堡店"续杯汉堡"，店员皱着眉头拒绝了他。他顿觉心跳加速，但还是硬着头皮对店员说道："如果你们能做'汉堡续杯'，我想我会更爱你们的品牌。"

店员笑了笑，回复说会将他的意见反馈给上司。甲先生的表情松弛下来，他发现自己竟然没有想象中那么紧张了。随后，他请求店员为他制作一个奥林匹克造型的甜甜圈。店员最终答应了他的请求，并现场给他制作了一份奥运五环甜甜圈。

甲先生"被拒绝"的故事被发表在美国各大媒体上，每天都能迎来好几百万的点击量。他向大众分享着自己的经历，坦言说自己的人生因此发生了不可思议的转变。

被拒绝不是那么恐怖的事情。真正的恐怖是：大多数人总是在被这个世界拒绝之前，先拒绝自己。在你决定放弃的那一刻，请扪心自问：你的目标真的足够清晰吗？你对梦想真的足够渴望吗？你经历过一锤一凿的自我敲打的疼痛吗？

如果都没有，就想着放弃，是不是太可惜？普通人遭遇挫折时，总是一次两次就撤退，而那些强者却会选择不达目的不罢休，定要死磕到底。记住，命运眷顾的永远是后者。

被别人拒绝的时候，不要撒腿就跑。明智的做法是，直面对方，问他一句为什么。为什么单单拒绝你。当你直面这份苦痛的时候，你会发现它并没有你想象中的那么恐怖。

哪怕被世界一再抛弃，也不能轻易地放弃希望，而要直面这惨淡的命运，勇敢地从黑暗中闯出一条生路。如果坚持有时限，那就坚持到成功为止。这世界不会辜负你的努力。

今天你受的所有苦，都将变成未来的礼物

　　面对苦难，泰戈尔说："你的负担将变成礼物，你受的苦将照亮你的路。"能把苦果酿成美酒，将苦难写成诗歌的人，通透而智慧。

　　鲜花初绽，人们只艳羡它的美丽与芬芳，却看不到它为这一刻的灿烂付出了多少艰辛。你吃过的苦，最终会让你懂得何为珍惜，何为坚强。

　　1989年，杨森出生在大庆的一个普通家庭。从小，她便被周围的孩子嘲讽为"光头女孩"。原来她因基因问题，毛囊里无法长出毛发。

　　母亲带着她北下四处奔波，去各大医院看病。小杨森长年累月地喝着苦涩的中药，被医生在头上做针灸拔罐，无论多辛苦她都一声不吭。有一次，见她头上密密麻麻插满了一百多根银针，母亲忍不住啜泣了起来。杨森却擦干母亲的眼泪，稚声稚气地安慰着母亲。

上幼儿园的时候，杨淼戴着帽子，美慕地看着其他女孩乌黑的长发上别着发卡。有顽皮的小朋友嘲笑她是"怪物"，杨淼忍住了泪水，极力不让自己哭出来。

她喜欢跳舞，且有着超越常人的天赋。亲戚们看着她欢快起舞的样子，总是惋惜道："跳得真好，只是太可惜了。"杨淼听出了他们话里的同情，却又觉得不服气。从那以后，她越发勤快地练起舞来，舞姿越发灵动、美丽。

2012年11月，杨淼站上了《非常完美》的舞台。她以光头形象示人，娓娓诉说着这些年来的经历。节目现场爆发起一阵又一阵的掌声。网友们亦被她感动，纷纷留言为这位勇敢的姑娘加油。

杨淼说："每个人都是被上帝咬了一口的苹果，都是有缺陷的人。有的人缺陷比较大，是因为上帝钟爱她的芬芳。"如今，她已拥有了不俗的事业和美满的爱情。她从不惧在人前翩翩起舞，也总是充满活力与自信。曾经的眼泪因岁月凝结成了珍珠，而如今充满魅力的她，正是命运赠送给她的礼物。

人生中，不如意事常八九，每个人都可能经历过怎么也迈不过去的"坎"。越是意气风发的时候，越得小心不期而至的意外，它如瓢泼大雨，将你浇个冰寒彻骨，晕头转向。眨眼之间，过往的芬芳与美丽片片凋零，萧索如雨后残荷。

这是我们无法选择的事情，但我们可以选择以何种态度去面对这些意外与苦难。正如诗人顾城所言："人可生如蚁而美如神。"人生在世，渺小正如你我。可若麻木畏缩，听天由命，一味屈服于困难，我们便只能蝇营狗苟地度过这一生。

不妨将苦难当成历练，当成"上帝化了妆的礼物"，我们迟早会从这痛苦中汲取到足够壮大人生的营养。累到无法坚持的时候，不妨将自己想象成含珠的蚌，挨够了沙砾的折磨，迟早有一天，你会孕育出光彩夺目的珍珠。

只要你足够智慧，逆境恰恰是提升自我的绝好时机。而你未来的高度正取决于此时的态度。董明珠36岁之后才开启属于自己的事业，在这之前，寂寂无闻的她曾流过无数心酸的泪水。当她目光坚毅、坦然面对困难的时候，人生便向她开启了另一扇门。

老干妈的创始人陶华碧从苦水里浸泡了大半辈子，数次经历人生低谷，而当她选择担起重担，勇敢地逆风生长后，最终迎来了"老干妈"的辉煌。

陶华碧出生在贵州一个偏僻的小山村里。年幼的她需要帮父母分担沉重的家务活，没有读过一天书。20岁那年，她与地质队的会计相恋结婚。后来，丈夫带着她走出了山村。

让陶华碧揪心的是，丈夫身体较弱。她终日惶惶不安，然而丈夫没过几年还是病逝了。陶华碧为了养活两个孩子，只得去四处打工、摆地摊赚点微薄的生活费。

　　她磨豆腐磨到夜里一两点，第二天凌晨顶着月光出门去早市摆摊卖米豆腐。经过繁忙的早市后，她白天也不肯休息，而是用背篼背着米豆腐去附近的几所学校里卖。

　　做米豆腐少不了石灰，陶华碧的手因为常年接触这种原材料，一到春天就会脱皮发痒，令人难以忍受。那段艰苦的岁月给她落下了肩周炎、关节炎等种种疾病。这些疾病直至今日还在困扰着她。后来，陶华碧搭起简陋的餐厅，卖起了凉粉和凉面。就在这段时间，她发明了豆豉辣酱，生意变得越来越火爆。陶华碧敏锐地察觉到了辣酱的潜力。

　　1996年，陶华碧用积攒的钱办起了辣椒酱加工厂，风风火火地开始创业。

　　陶华碧曾吃过的苦将她的事业之路照得无比光亮。她的传奇经历告诉我们，苦难之后的成长，无疑是人生中最宝贵的财富。而坎坷遍布、荆棘丛生的生活更是命运赐予我们的"人生教科书"。

　　有些黑暗，我们只能独自穿越；有些苦痛，我们必须独自品尝。再苦再累，也要坚强地走下去。走下去，天就一定会亮，绚烂的朝霞定能冲破阴霾；走下去，花就一定会开，所有的美丽与精彩都将如期而至。

伟大的作品不是靠力量，而是靠坚持诞生的

古希腊诗人米南德曾说："谁有历经千辛万苦的意志，谁就能达到任何目的。"真正的坚忍要像一棵树，哪怕狂风吹断枝芽，它那修长的枝干也保持着挺直的姿势，它的根须仍稳稳地盘绕在黑暗的地底，静静积蓄着力量，默默等待着春天的到来。

这世间一切美丽的作品，一切伟大的奇迹无不靠坚持才得以诞生。犹记得董卿曾在《朗读者》这档节目上缓缓朗读起曹雪芹的著作《红楼梦》，她目光温柔，情绪饱满，给观众留下了深刻的印象。想当初曹雪芹披阅十载，增删五次才写就了这部旷世奇作。曹雪芹的创作历程让董卿感慨良多，亦给她留下了太多启示。

《朗读者》节目的制作人及主持人董卿在录制第一期节目前，曾带领整个团队足足花了一年多的时间去酝酿和准备。接受采访的时

候，董卿笑言，自己有一把蓝色的小镊子，以前是用来拔眉毛的，而在准备节目的那一年里小镊子成了拔白头发的利器。

她说："我做了这个节目之后，因为熬夜、策划、录像、后期，无休止地进行，所以我见过北京城后半夜各个时段的样子。"这中间的坎坷与磨难层出不穷，差点将她击垮。节目模式、经费、赞助商、播出平台等等以前她不用考虑的琐事纷纷涌来，几乎淹没了她。

那段时间董卿每天只能睡三四个小时，按她自己的话来说，已经到了"绝望的边缘"。见她整日忙忙碌碌，情绪焦虑的样子，父母劝她千万要保重身体。二老双双在这件事情上投了反对票，这让董卿特别难过。万幸的是，她扛住了一切压力，日复一日地面带微笑出现在大家面前，随后又像只永不停歇的陀螺全身心地投入工作中……

一年后，《朗读者》以精细的制作、婉约的风格征服了观众，亦唤醒了大家心中对朗读的热情。最后一期节目录制完成后，董卿徐徐走出演播室，她的身后是正被拆除的舞台，她的眼前是微微泛亮的天色。她用尽最后一丝力气，在心底对舞台说了声再见。

倪萍曾对董卿说："不是每个人都有机会站在一个舞台的核心，不是每个人都有机会被派去最重要的战场，所以你要尽自己最大的努力。"由此，董卿深深知道，有上场的那一刻，就一定有离开的那一刻。所以，一定要珍惜奋斗的过程，为梦想竭尽全力并坚持到底。

如果不曾经历阴霾遍布的低谷，又怎会迎来涅槃重生的绚丽？

歌德花了60年的时间才写就不朽名作《浮士德》；王羲之用光了一大缸墨水，才练就了一手精妙的毛笔字，《兰亭集序》才得以流芳百世。类似的故事数不胜数，唯有坚持才能奠定成功的基石。

坚持是一种信念，正所谓"有志者事竟成，破釜沉舟，百二秦关终属楚；苦心人天不负，卧薪尝胆，三千越甲可吞吴"。坚强的女孩，会怀揣着最火热的信念深耕细作于亲自选定的路途中，不达目的誓不罢休。她们始终乐观，自信昂扬。

坚持是一种忍耐。有一种竹子在接近4年的时间里每年仅仅生长3厘米，到了第5年春季，第一场春雨降临之时，它们开始了"凶猛"的成长之路。仅仅花了6周时间，这种竹子就能长至15米。要做竹子一般的女孩，用坚持来熬过黎明前的黑暗。

坚持是一种习惯。梦想再遥远，路途再艰辛，只要将行走的姿势变成一种永恒，就不用担心你无法到达。记住咬牙坚持的感觉，当它与你的生命融为一体，这世上再没有什么能够阻拦得住你的脚步。

法国电影《花开花落》描绘了法国原始派艺术家塞纳芬娜的一生。这位身处底层的女仆人在画布上挥洒着热情，无论发生什么都没能让她扔掉手中的画笔。她最终画出了一幅幅洋溢着生命激情的伟大画作，带给后人无数感动。

塞纳芬娜独自生活在一座小镇上，她每天起得很早去富人家里做清洁女工。需要她做的工作有很多：擦地板、洗衣、刷碗……足足忙到深夜，塞纳芬娜才拖着疲累的身子回到住处。除去工作和有限的睡眠外，她将所有的时间都用来画画。

塞纳芬娜待在自己那又冷又黑的房子里，忍受着房东的谩骂，不停地画着。纵使她将微薄的收入全都用来买了颜料，颜料却永远不够用。于是，她提着篮子采集草叶，榨取草汁，制作成独特的颜料。

纵使镇上的人认为她的画稚嫩而丑陋，塞纳芬娜却仍旧自顾自地画着。收藏家威廉·伍德在一战前夜来到了这个小镇，他偶然看到了塞纳芬娜的画，对其大加赞赏。他一口气买下了塞纳芬娜的全部画作，这让她大受鼓舞。可惜的是一战爆发，伍德仓皇逃出法国。

塞纳芬娜留在小镇上坚持创作，直至头发斑白。等伍德再次见到塞纳芬娜的时候，他被她的画震惊了。在他看来，塞纳芬娜已成为真正的艺术大师。

只有经历过百折不挠、坚持不懈的路程的人，在暮年回首往事的时候才不会后悔。因为你未曾虚度美好的年华，因为你让自己的生命充满了价值。

花时间养成一个好习惯，你会抽到手气最佳的人生红包

有句话说得好："行为改变习惯，习惯改变性格，性格改变命运。"上天给予每个人的时间都是公平的，就看你如何支配它。当我们利用这有限的时间养成了一个又一个好习惯，并将它们日复一日地坚持下去的时候，命运之绳也就被我们牢牢握在了手中。

生活中总有这样的女孩，在奢侈品专柜前流连忘返，对刷卡结账这一系列动作熟练至极，去了书店却抠抠搜搜，嚷嚷着太贵不想买，连一秒钟都不想多待。有的女孩宁愿将时间都花在比对、分析各种减肥药的效果上，也不愿意抽出半小时的时间去做运动。

女人爱美，这当然是无可厚非的事情。只是，你不能将所有的时间、精力和金钱都投资在皮囊上。个人的专业技能、眼界格局、气质气场才应该是你重点的投资对象。

从这个角度来说，用时间加持一个好习惯相当于"融资"。坚

持健身运动，戒除胡吃海塞，你就能拥有源源不断的活力和修长的身材。

坚持用阅读的方式来认识世界，以你有限的生命去领略别人无限的人生，久而久之，你的思路会变得越发清晰，眼界会变得越发开阔，人生目标亦变得越发坚定。

坚持培养一项终身受益的兴趣爱好，享受这"润物细无声"的过程。它将丰富你的生活，充实你的精神世界，也会常常带给你很多意想不到的惊喜。

坚持合理的膳食习惯，远离生冷油炸辛辣的食物。坏的饮食习惯损耗的是人的气血。只有养好脾胃，身心才能变得轻松起来，你才能精力充沛地应对这充满挑战的人生。

真正聪明的女人会将有限的资源投资在最有用的地方。她们将那些好习惯刻印在骨子里，变成永不磨灭的印记。

而生命不可思议的转变正源于此。正如心理学巨匠威廉·詹姆斯所言："播下一个行动，收获一种习惯；播下一种习惯，收获一种性格；播下一种性格，收获一种命运。"习惯是能够影响到命运的关键性因素。好的运气与好的习惯息息相关。

晚年之时，杨绛虽然有些耳背，但仍坚持着读书写作。她每日都会花固定的时间坐在书桌旁，或静静阅读，或笔耕不辍。在96岁高龄之时，杨绛出版作品《走到人生边上》，引起一阵热议。除此外，她还饶有兴趣地自学起西班牙语来。

杨绛在饮食上恪守"少油、少盐、少糖"的原则，力求清淡又很注重营养。她买来大棒骨，敲碎了和黑木耳等食材一起煮汤，每天都会喝上一小碗。亲戚说，老年时候的杨绛弯腰手还能碰到地面，科学的饮食习惯正是她如此高龄还保持着硬朗骨骼的秘诀。

杨绛还一直保持着运动的好习惯。她喜欢每天早上起得很早去散步，时常徘徊于大树之下凝视远方。百岁之后，她规定自己每天在家慢走7000步，并坚持不懈地练习"八段锦"。

杨绛女士高寿105岁，人们说她是"认真地年轻，优雅地老去"的代表。普通人若能拥有她这份毅力、这份智慧，定能避免"虚度此生"的遗憾。

很多好习惯说白了是很简单的事情，可想要将它们坚持到底，却很难。我们只有一个习惯是天生的——"懒惰"，这是人生最大的敌人。

随随便便努力个三五日，这不叫习惯。正如不费脑子、不花时间根本无法取得成功。那些听起来简单做起来难的事情，只有靠着日复一日的坚持，才能成功。花时间养成一个个好习惯，你迟早会蜕变成最鲜明耀眼的自己。

曾有一位诺贝尔奖获得者在领奖时坦言，他的成功离不开从幼儿园里学到的一课。在老师的帮助下，年幼的他逐渐养成了认真观察的好习惯。渐渐地，这个习惯变得如同吃饭喝水一般简单自然，而他的人生之路也因此越走越顺利，直至迎来这光荣灿烂的一刻。

普通人的生活经历更能印证习惯的力量。某位高龄产妇从孕育到生产的过程一直都很顺利，之后身体也恢复得很快。这是因为她从小学起就保持着每周爬山、游泳的好习惯。

某个姑娘自进入职场后一直坚持自学专业知识，积极充实自我，哪怕休息的时候也不放松。短短几年的时间，她便蜕变成百里挑一的职场精英，让同龄人羡慕不已。

习惯无疑是一种极其强大的力量，它完全可以主宰人生。养成一个好习惯可能需要一生，养成一个坏习惯却只需一天。好习惯的养成离不开日复一日的坚持，记住，只有充分利用好当下的每一分钟，才能度过一段充实高效、丰富美好的人生。

你要相信美好的事情即将发生

印度电影《摔跤吧，爸爸》里的父亲曾说道："机会稍纵即逝，你必须用每一滴汗水去争取，坚信自己可以做得更好，命运终会屈服于你的努力。"

身处黑暗之中的人一旦心怀希望，并向着那抹若有若无的亮光坚持不懈地走下去，他一定会迎来属于自己的美好与阳光。你要相信，美好的事情一定等候在前方。

马哈维亚住在印度的一个小村子里。他原本是全国摔跤冠军，退役后回到家乡，一面在一家小公司里工作，一面利用业余时间来教村子里的孩子一些摔跤技巧。

马哈维亚最大的梦想是代表国家出战，赢得世界冠军的殊荣。如今，他只能将希望寄托在下一代身上。然而，妻子一连生了四个女孩，他的梦想破灭了。

有一天，马哈维亚偶然发现大女儿吉塔、二女儿巴比塔身上的摔跤天赋，他眼前一亮。吉塔、巴比塔的"噩梦"就此开始了。马哈维亚要求两个小姑娘每天5点起床去跑步，做各种增强体力和耐力的练习。他还狠心地剪去她们的长发，要求她们向着全国冠军的目标进发。

经过短暂的抵触后，吉塔、巴比塔终于醒悟过来。她们积极参加着各项摔跤比赛，进步神速。吉塔更是一路获得全国少年组冠军、全国青年组冠军，乃至全国冠军，成为很多同龄人的偶像。

其实两个女儿一开始并不理解父亲的做法，她们只觉得每天都苦不堪言。父亲像恶魔一样逼着她们一刻不停地训练，有一次她们甚至来了一场反抗。

可自从明白了父亲的一番苦心后，吉塔、巴比塔终于自动自发地努力起来。她们继承了父亲骨子里的那股韧性，并将它发扬光大。就从此时开始，她们的人生之路神奇般地越走越顺。

大女儿吉塔曾有过短暂的迷失，当她取得全国冠军后，马哈维亚将她送去国家体育学院进行统一训练。吉塔受到周围松散环境的影响，意志力轰然瓦解。多年的努力因这一时的松懈功亏一篑，吉塔的天赋白白流失，她这个全国冠军一次次败走麦城。

后来在马哈维亚的鼓励下，吉塔重燃信心。经过艰辛的训练，她重回赛场，咬牙杀入了决赛，并成功捧起了世界冠军的奖杯。吉塔的故事告诉我们，世上一切美好的事物，只有坚持不懈才能开花结果。在这段孤独的路途中，一旦稍有动摇，便是万劫不复。

只要坚持，美好的事情定会发生。正如马哈维亚曾对女儿说过的那句话："正面迎战吧，这是你生来的目的！"前路漫漫，你越是畏缩不前，就越有可能遭遇一场场惊雷暴雨的袭击；唯有正面迎战，坚持到底，才能迎来梦寐以求的鲜花与掌声。

2017年的跨年演讲上，罗振宇说："未来终究是一个时间战场。"很多人感叹道，罗振宇的这场跨年演讲整整持续了20年，很难想象他是如何坚持下去的。罗振宇自己却解释说，坚持不过是敢想敢做，然后挺下去，努力成为美好的一部分。

演讲的最后，罗振宇笑言道："死磕，就是不管自己怎么样，都要把事儿做好。"是啊，只要永不妥协地走下去，并死磕到底，美好的事情就等候在人生的一个个拐角处。

1965年，J. K. 罗琳出生在英国格温特郡。小时候的她相貌平平，性格害羞。她的写作之旅始于6岁。年幼的她最喜欢给妹妹黛安讲述各种想象中的故事，并尝试着用笔记录下来。那时候，父母生活动荡，罗琳跟着父母四处奔波，不停搬家。

15岁那年，母亲突然病逝，这让罗琳遭受了巨大的打击。她将心中的悲痛化为写作的力量，越是孤独痛苦，越是笔耕不辍。长大后，罗琳嫁给一个葡萄牙人。然而，这段婚姻仅持续了一年。离婚后罗琳带着女儿独自生活。这一阶段的她贫困窘迫，身无分文，只能靠着政府的救济活下去。罗琳的人生跌入低谷，她甚至患上了抑郁症。

尽管生活艰难，她却始终坚持着写作。安静的咖啡厅是绝佳的写作场所，女儿在那里总能很快入睡，罗琳却坐在窗边一写就是一天。

1995年，她完成了《哈利·波特》一书。岂料它先后被12家出版社拒绝。罗琳没有放弃，她一边继续写着新的故事，一边向其他出版社投稿。最后，布鲁姆斯伯里出版社买走了这本书。虽然出版社只预支了1500英镑的稿费，罗琳却欣喜若狂。从那以后，好事接连发生。

1998年，罗琳迎来了人生中的黄金时期。《哈利·波特》一书在美国拍卖，得到了10.5万美元的报酬，罗琳激动得快要晕过去。之后她的路越走越璀璨，罗琳从丑小鸭蜕变成白天鹅，她想要的一切都顺利成为现实。

鲜花、掌声、荣耀、尊严，这一切美好的事情都属于每一个坚持到底的人。遗憾的是，很多姑娘却屡屡逃避。记住，人生的最佳选择莫过于将那些艰难痛苦视为养分。只因坚持才能成就美好。那么，亲爱的你，又怎能轻易停止奔跑？